国家级职业教育规划教材

全国职业院校烹饪专业教材

中式炸制面点

U0272555

秦路亚　主编

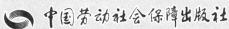

中国劳动社会保障出版社

简 介

本书紧扣职业院校烹饪专业教学实际，介绍了中式面点炸制的技术要领，具体包括水调面团炸制面点制作、膨松面团炸制面点制作、层酥面团炸制面点制作、米制品炸制面点制作、蔬果杂粮及其他类炸制面点制作等。本书精选了数十种具有代表性的中式炸制面点，详细介绍了每一品种的制作方法和操作步骤。本书内容实用，图文并茂，讲解细致，在讲解技术要领的同时还穿插介绍了部分面点的历史文化知识。

本书由秦路亚任主编，徐月、王甲任副主编，尹贺伟、沙鸥、闫海涛、王雪参与编写，李想任主审。

图书在版编目（CIP）数据

中式炸制面点 / 秦路亚主编 . --北京：中国劳动社会保障出版社，2021
全国职业院校烹饪专业教材
ISBN 978-7-5167-4924-1

Ⅰ.①中… Ⅱ.①秦… Ⅲ.①面食 – 制作 – 中国 – 中等专业学校 – 教材 Ⅳ.① TS972.132

中国版本图书馆 CIP 数据核字（2021）第 118461 号

中国劳动社会保障出版社出版发行

（北京市惠新东街 1 号 邮政编码：100029）

*

北京市白帆印务有限公司印刷装订 新华书店经销
787 毫米 × 1092 毫米 16 开本 12.5 印张 230 千字
2021 年 8 月第 1 版 2021 年 8 月第 1 次印刷

定价：38.00 元

读者服务部电话：（010）64929211/84209101/64921644
营销中心电话：（010）64962347
出版社网址：http://www.class.com.cn
http://jg.class.com.cn

前　言

近年来，随着我国社会经济、技术的发展，以及人们生活水平的提高，餐饮行业也在不断创新中向前发展。餐饮业规模逐年增长，新标准、新技术、新设备和新方法不断出现，人们对餐饮的需求也日益丰富多样。随着餐饮行业的发展，餐饮企业对从业人员的知识水平和职业能力水平提出了更高的要求。为了培养更加符合餐饮企业需要的技能人才，我们组织了一批教学经验丰富、实践能力强的一线教师和行业、企业专家，在充分调研的基础上，编写了这套全国职业院校烹饪专业教材。

本套教材主要有以下几个特点：

第一，体系完整，覆盖面广。教材包括烹饪专业基础知识、基本操作技能及典型菜品烹饪技术等多个系列数十个品种，涵盖了中式烹调技法、西式烹调技法及面点制作等各方面知识，并涉及饮食营养卫生、烹饪原料、餐饮企业管理等内容，基本覆盖了目前烹饪专业教学各方面的内容，能够满足职业院校烹饪教学所需。

第二，理实结合，先进实用。教材本着"学以致用"的原则，根据餐饮企业的工作实际安排教材的结构和内容，将理论知识与操作技能有机融合，突出对学生实际操作能力的培养。教材根据餐饮行业的现状和发展趋势，尽可能多地体现新知识、新技术、新方法、新设备，使学生达到企业岗位实际要求。

第三，生动直观，资源丰富。教材多采用四色印刷，使烹饪原料的识别、工艺流程的描述、设备工具的使用更加直观生动，从而营造出更

加直观的认知环境，提高教材的可读性，激发学生的学习兴趣。教材同步开发了配套的电子课件及习题册。电子课件及习题册答案可登录中国技工教育网（jg.class.com.cn），搜索相应的书目，在相关资源中下载。部分教材针对教学重点和难点制作了演示视频、音频等多媒体素材，学生扫描二维码即可在线观看或收听相应内容。

　　本套教材的编写工作得到了有关学校的大力支持，教材的编审人员做了大量的工作，在此，我们表示诚挚的谢意！同时，恳切希望广大读者对教材提出宝贵的意见和建议。

　　　　　　　　　　　　　　　人力资源社会保障部教材办公室

目　录

第一章

水调面团炸制面点制作

学习目标

1. 能独立调制冷水面团、温水面团和热水面团。
2. 能掌握热水面团的调制要领，发现并解决面团调制过程中出现的问题。
3. 能在教师指导下用两种方法使用擀面杖擀皮。
4. 能熟练应用切的成形方法。
5. 能根据不同品种，灵活掌握生坯下锅温度。

　　水调面团是指用水和面粉直接调制的面团，其组织结构严密，内部紧实，体积不膨胀，无海绵状或者蜂窝状组织孔洞。用不同温度的水调制出的面团具有不同的特点，如冷水面团筋力足、弹力大、韧性强，热水面团黏性大、可塑性强、韧性差，温水面团的黏性、弹性、韧性介于冷水面团和热水面团之间。

　　制作常见水调面团品种时，有时也会加入少量盐、油或者鸡蛋，但是不论加入什么原料，只要不改变面团的性质，都称其为水调面团。

【水调面团品种制作测评表】

　　该测评表为所有面点品种制作测评表，适用于本书所有品种制作中准备工作和操作过程的项目考核，是对学生职业能力、职业习惯和职业素养的培养与考核，具有通用性。

项目		评分标准	配分	得分
准备工作	原料准备	原料称量准确，熟练、正确使用电子秤、台秤、分钱秤等称量工具	5	
	工具和设备准备	工具齐备、选用准确、摆放整齐。设备使用前先检查使用状态，并在任务开始前进行清理	5	
	个人卫生和仪容仪表	工装穿戴 工装、工帽干净整洁，穿戴规范，不露头发。不穿凉鞋、拖鞋、短裤、裙子	5	
		个人外貌 头发干净，长发应绑在后面或戴上发网。指甲短，身体干净，没有气味，没有明显的伤口	5	
		个人卫生 手部干净，并在任务与任务间洗手	5	

项目		评分标准	配分	得分
操作过程	操作工位卫生	个人习惯 不摸脸和头发，不吃东西，不在围裙／裤子上擦手或擦餐具，不在围裙上、肩膀上放抹布或将抹布挂在裤子上	10	
		灶台／柜台清洁 干净，无污渍、油渍，灶台上不随意放置调料、原料和容器等，所有的溅出物都在5分钟内清除干净	10	
		工作台／案板清洁 工作台／案板在任务操作开始时清洁，在任务与任务间和任务操作结束时清洁	10	
		水池清洁 干净整洁，脏的东西与干净的东西分开（不在同一个洗涤槽里）。水池里没有未洗餐具、用具，水池里的杂物和垃圾及时清理。抹布不能泡湿，任何脏乱都在5分钟内收拾干净	10	
	成品卫生	成品总体干净整洁，盛器无污渍、杂物	5	
	工作安全、厨房复位和浪费情况	安全操作 不要使用危险的切割技术，不乱拿刀具、擀面杖等危险工具、用具进行嬉戏、打闹。不在实训室内奔跑，在进行初加工和精细加工时不得浪费原料	10	
		设备和工具使用 设备和工具使用后清洗并归还到实训室指定位置，公用设备使用后清洗并恢复到初始状态，离开实训室前要进行清理，实训室达到清洁状态方可离开	10	
		垃圾桶清洁 垃圾桶内无过量的垃圾，任务结束后及时倾倒垃圾，刷净垃圾桶	10	
合计			100	

总体评价：_____

_____。

第一节　冷水面团炸制品种制作

冷水面团是指用 30 ℃以下的水和面粉调制而成的面团。因为和面的水温在 30 ℃以下，不能引起淀粉糊化，相反可以促进蛋白质吸水形成面筋网络，所以冷水面团具有较强的弹性、韧性和延展性，口感筋道，制作的炸制品色泽金黄、焦香酥脆、老少皆宜。

品种一　麻叶

麻叶属于中国地方特色传统小吃。传统的麻叶是用面粉和面、擀面，再进行油炸制作而成，口味分甜、咸两种。做好的麻叶因外形似叶子，上面布满芝麻，故称"麻

叶"，也有的地方叫作油炸果子或排叉。麻叶又香又脆，深受大家喜爱。

◈ **成品特点**　焦香酥脆，色泽金黄。

◈ **皮坯原料**　面粉 250 克，盐 4 克，五香粉 1 克，芝麻 60 克，水 120 克。

◈ **制作步骤**

1. 按照原料清单准备好所有原料，面粉提前过筛。

2. 在面粉内加入芝麻、盐、五香粉拌匀。

3. 将面粉开窝，分次加水抄拌均匀，反复揉匀、揉透。

4. 将面粉和成表面光滑的面团，盖上湿布饧制 15 分钟。

5. 将饧好的面团擀成长方形，先卷到一个擀面杖上擀薄，再展开卷到另一个擀面杖上，中间撒上干面粉，防止粘连。

6. 如此反复多次，将面团擀至 2 毫米厚即可。把擀好的麻叶面皮展开后切成长 18 厘米、宽 24 厘米的长方形面片。

7. 在切好的面片中间撒上干面粉，叠放在一起，再改刀切成长 6 厘米、宽 4 厘米的小长方形面片。

8. 在每片面片中间用刀尖顺着长边划三刀，每刀长约 4 厘米，注意两头不得划断。

9. 取一片小面片，从一端对折，从中间穿过去。

10. 从中间穿出后，整理整齐即成生坯。

11. 锅内加油烧至六七成热，下入生坯炸制。

12. 炸成金黄色时捞出，装盘即可。

● 技术要领

1. 和面时应分次加入水，加水量要准确，水多面软易变形，水少面硬不易操作，影响质量。

2. 面团软硬适中，面团过软擀制时容易粘连，面团过硬擀制时不易擀薄。

3. 芝麻不宜放得过多，否则擀制时面皮易烂。

4. 炸制时要掌握好火候，油温低制品不容易上色，油温高制品容易焦煳。

5. 炸制时用油量要大，以使制品受热均匀、上色一致。

● 测评

项目	评分标准	配分	得分
备料	芝麻和面粉比例适中	10	
和面	和面手法正确，面团表面光滑	20	
制皮	两个擀面杖搭配使用，面皮薄厚均匀、不破皮	20	
下剂	下刀干脆利落，剂子大小一致	20	
成熟	制品受热均匀、色泽金黄、无阴阳面	20	
成品	成品大小均匀一致，整齐美观	10	
合计		100	

总体评价：_____

_____。

 品种二　馓子

　　馓子细如丝、色如金，吃起来油香酥脆、不咸不淡。古时将馓子、青团、麻花等以麦、稻、黍为原料，经面团调制、油炸制成的冷食称为寒具，始见于《周礼·笾人》。诗人苏东坡为赞美妇女制作的寒具曾写下题为《寒具》的诗句："纤手搓成玉数寻，碧油煎出嫩黄深。夜来春睡无轻重，压扁佳人缠臂金。"

◈ **成品特点**　色泽金黄，馓条纤细、整齐。

◈ **皮坯原料**　面粉 250 克，盐 2.5 克，水 120 克，调和油 50 克。

◈ **制作步骤**

1. 按照原料清单准备好所有原料，面粉选用高筋面粉。

2. 将面粉过筛放在案板上开窝，加入盐和少量水，将面粉抄拌均匀，再加适量水和成面团。

3. 用揣面的方法把面揣匀，将面团揉匀、揉透，表面光滑滋润。

4. 把揉好的面团放入干净的碗中饧制20分钟。

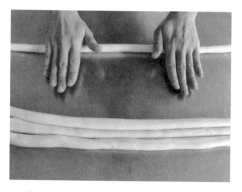

5. 在案板上刷少许油，将饧好的面团按平，切成长条，再把面条搓圆，饧制 20 分钟。

6. 把饧好的面条再次搓细至直径约 1 厘米，再将搓细的面条盘在底部刷油的盆中。

7. 面条盘好后在表面再次刷油，盖上保鲜膜继续饧制 30 分钟。

8. 将饧好的面条第三次搓细，盘入另一个盆中。

9. 在盘好的面条表面刷油，再次饧制 1 小时。

10. 将饧好的面条在手上缠绕 10 圈后掐断面条，将掐头与邻近面条粘牢，形成完整的圈。

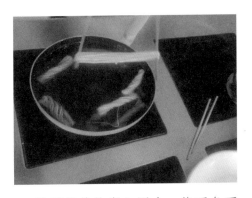

11. 用两根竹签穿入圈内，将面条两端拉长，制成馓子生坯，然后放入油锅中炸制。

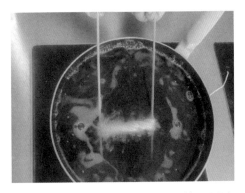

12. 炸制时可用竹签将馓子翻转一圈上劲儿，避免馓子在炸制过程中散开。

13. 待馓子定形后，将竹签抽出。

14. 馓子炸至色泽金黄，起锅装盘即可。

⬡ **技术要领**

1. 和面时要分次加水，否则面团黏手，表面不光滑。

2. 搓条时要根据面的筋性，将面搓长、搓细、搓匀，避免搓断。

3. 盘条时不易盘得太紧，否则容易盘乱。

4. 饧面时刷的油要没过面条，否则面条表面易干裂。

5. 缠条时用力要匀，缠的条要粗细均匀。

6. 炸制时油温要合适，便于制品快速成形。

● 测评

项目	评分标准	配分	得分
和面	面团表面光滑、松弛，饧面时间充足	20	
搓条	用力均匀，面条粗细一致	20	
盘条	排列整齐、松紧一致，刷的油没过面条	20	
缠条	动作连贯，条匀细圆	10	
成熟	炸制时不开不散、形状完整，表面布满大小不等且透明的珍珠泡	20	
成品	规格统一、大小一致，每个成品长约 10 厘米	10	
合计		100	

总体评价：_____

_____。

 品种三　菊花麻花

　　菊花麻花造型独特、形似菊花，采用优质面粉、鸡蛋和水调制成面团，擀薄、折叠、切成小条，炸制成熟即可。菊花麻花吃起来酥脆甜香，营养价值较高。

● **成品特点**　形似菊花，香甜适口。

● **皮坯原料**　面粉 200 克，鸡蛋 50 克，白糖 50 克，水 30 克。

◆ **制作步骤**

1. 按照原料清单准备好所有原料，面粉过筛备用。

2. 面粉开窝，中间加入白糖、鸡蛋和水，将白糖揉化与鸡蛋、水融合在一起。

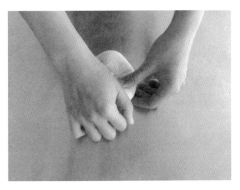

3. 将面粉抄拌均匀，和成光滑的面团。

4. 面团揉匀后扣上碗，饧制 20 分钟。

5. 将饧好的面团放入压面机，压成厚约 0.7 厘米的长方形面片，在案板和面片上撒上干面粉，将面片折叠成三折。

6. 用擀面杖沿对角线按压面片并擀匀，将面片打开，中间撒上干面粉防止粘连，然后再次折叠成三折，如此反复多次后，擀成厚 0.2 厘米的面片。

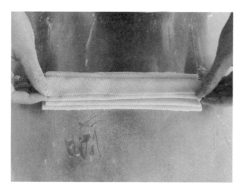

7. 将面片一层一层折起，每折一次都比上一次略窄。

8. 将折好的面片整理好，然后切成厚约 0.3 厘米的丝条，每 8 条为一组。

9. 用筷子蘸水夹住每组丝条，夹紧后即成生坯。

10. 待油锅烧至六成热时，将生坯放入漏勺中入油锅炸制。

11. 当生坯定形后，松开筷子，再炸制上色。

12. 将菊花麻花炸制成柿黄色捞出，控油后装盘即可。

⬢ **技术要领**

1. 面团加水量要准确，加水量过多面团较软，成品易变形，影响质量。

2. 用压面机压面时注意操作规范及安全。

3. 擀皮时合理使用干面粉，防止粘连。

4. 叠制时每折一次都比上一次略窄，这样成品较为美观。

5. 切条时确保丝条粗细一致，以每8条为一组。

⬡ 测评

项目	评分标准	配分	得分
和面	鸡蛋、白糖、水完全搅拌后加入面粉	10	
制皮	沿对角线按压、擀薄，力度适中	20	
下剂	丝条粗细一致，宽约0.3厘米	20	
成形	筷子在中间夹紧，两边对称，生坯直径约7厘米	20	
成熟	油温烧至六成热，下锅炸成柿黄色	10	
成品	形如菊花，基本呈圆形，细条呈放射状，分布均匀	20	
合计		100	

总体评价：＿＿＿＿＿＿＿＿＿＿＿＿＿＿＿＿＿＿＿＿＿＿＿＿＿＿＿＿＿

＿＿＿＿＿＿＿＿＿＿＿＿＿＿＿＿＿＿＿＿＿＿＿＿＿＿＿＿＿＿＿＿。

 品种四　松果麻花

松果麻花形似松树的果穗，造型独特，吃起来酥脆香甜，蛋香味浓郁，爽口化渣。自古以来松树都有着美好的寓意，因此松果麻花也深受大家的喜爱。

⬡ **成品特点**　色泽棕红，甜香酥脆。

⬡ **皮坯原料**　面粉250克，猪油25克，鸡蛋75克，白糖75克，水50克。

◆ **制作步骤**

1. 按照原料清单准备好所有原料，面粉选用中筋面粉。

2. 将面粉过筛、开窝，加入鸡蛋、白糖、水、猪油，乳化均匀。

3. 将面粉抄拌均匀，再分次加水调节面团的软硬。

4. 反复揉搓均匀，和成光滑的面团。

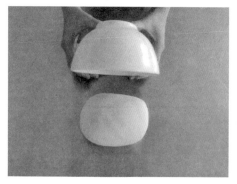

5. 面团和好后扣上碗，放在案板上饧制 20 分钟，防止表面结皮。

6. 将面团用压面机压成长方形后，擀成厚约 1.7 毫米的长方形面片。

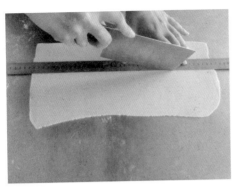

7. 再切成宽 4 厘米、长 36 厘米的长
方形面片。

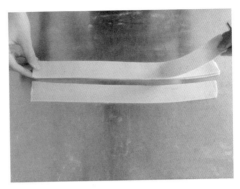

8. 将 4 片长方形面片摞在一起对齐。

9. 将 4 片摞在一起的长方形面片切成
4 厘米见方的正方形面片。

10. 在正方形面片上按"米"字形改
刀切制，注意中间不要切断。

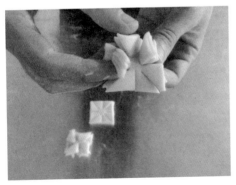

11. 每隔一角向上翻起粘合，呈风车
形。

12. 取切剩的边角面条在风车形面片
中间捆捏，即成生坯。

13. 锅内加油烧至四五成热，下入生坯，炸至生坯浮起、呈棕红色即可。

14. 将炸好的松果麻花捞出，控油装盘即可上桌。

⬡ 技术要领

1. 和面时，糖、油、蛋、水完全乳化后再加入面粉。

2. 饧面时要扣上碗，防止表面风干结皮。

3. 面片叠摆时要在中间撒干面粉，防止粘连。

4. 分割切块时，刀刃要锋利，下刀利落、不粘连。

5. 在正方形面片上改刀切制时注意分割均匀，中间不要切断。

6. 做好的生坯要在中间固定，否则炸制时会散开。

⬡ 测评

项目	评分标准	配分	得分
和面	面团软硬适中，表面光滑	20	
制皮	能够按要求规范使用压面机	10	
下剂	大小均匀一致，边缘不粘连	20	
成形	切制时深浅、间距一致，制品不开不散	20	
成熟	制品颜色一致，呈棕红色	20	
成品	酥脆香甜，蛋香味浓郁，爽口化渣	10	
合计		100	

总体评价：_____

_____。

品种五 炸猫耳朵

炸猫耳朵是江浙一带的小吃，由于成品形状酷似猫耳，故取名猫耳朵。它用料家常，简单易做，香酥可口，也可根据原料不同，做出甜、咸、五香、麻辣等口味，广受大众喜爱。

⬡ **成品特点** 层次清晰，香酥可口。

⬡ **皮坯原料** 面粉 500 克，红糖 30 克，白糖 40 克，调和油 40 克，盐 4 克，水 200 克。

⬡ **制作步骤**

1. 按照原料清单准备好所有原料，面粉提前过筛，白糖选用绵白糖，红糖若颗粒较粗，可提前用擀面杖压细。

2. 称 250 克面粉倒在案板上开窝，中间加入 30 克红糖、20 克调和油、100 克水和成红色面团。

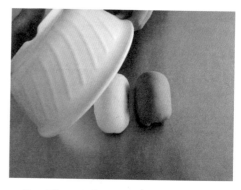

3.再称 250 克面粉倒在案板上开窝，中间加入 40 克白糖、20 克调和油、4 克盐和 100 克水和成白色面团。

4.将两块面团分别揉光滑后，在表面抹上一层水，盖上碗饧制 10 分钟左右。

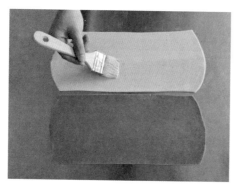

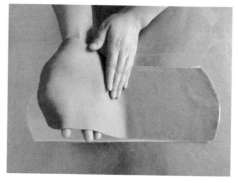

5.将饧好的面团用压面机压光滑，擀成厚约 0.5 厘米的长方形面片，并在白色面坯上刷上薄薄一层水。

6.白色面坯在下，红色面坯在上，将两块面坯叠压整齐，粘连在一起。

7.两块面坯叠压整齐后，在红色面坯表面刷上一层水。

8.将面坯从左往右边卷边推，卷紧，成为层次分明的剂条。

9. 将卷好的剂条包上保鲜膜放至平盘中，再放入冰箱冷冻 1 小时左右。

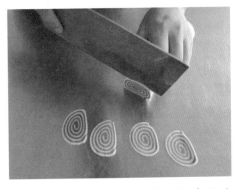

10. 将冷冻好的剂条取出，切除两头废料，并用刀在剂条横截面切出厚约 0.5 毫米的薄片。

11. 锅中加入油，升温至 120 ℃左右，将切好的薄片依次下入油锅中，炸至生坯浮起、颜色金黄即可出锅。

12. 炸好的猫耳朵控干油，晾凉后即可装盘。

● 技术要领

1. 面团要和成硬面团，过软不易切薄。

2. 卷面时刷上一层水，这样更有利于面坯粘合紧密。

3. 掌握好冷冻时间，过长或过短都会导致面坯不易切制。

4. 炸制时控制好油温和时间，油温过高，易使成品快速上色；炸制时间不足，水分未炸干，成品不酥脆。

5. 炸好的成品晾凉后再食用，口感更加酥脆。

● 测评

项目	评分标准	配分	得分
和面	用料准确，颜色分明，面团较硬，适合成形	20	
压面	能够按要求规范使用压面机，面坯压制均匀、形状整齐	20	
成形	剂条纹路丰富、均匀，切制厚度符合成品标准	20	
成熟	油温掌握准确，炸制时间适宜	20	
成品	成品香酥可口，规格、大小一致	20	
合计		100	

总体评价：_____

_____。

品种六　春卷

春卷是用干面皮包馅心，经煎、炸而成，它由立春之日食用春盘的习俗演变而来，流行于中国各地，江南等地尤盛，是汉族民间传统节日食品。

● **成品特点**　外皮酥脆，入口鲜香。

● **皮坯原料**　春卷皮 200 克。

● **馅心原料**　韭黄 50 克，里脊丝 100 克，胡萝卜 100 克，料酒 3 克，味精 1 克，盐 2 克，酱油 6 克，鸡精 1 克，白胡椒粉 1 克。

● **制作步骤**

1. 按照原料清单准备好所有原料，里脊肉、胡萝卜切丝，韭黄切段。

2. 锅内加油，将里脊肉炒散并加料酒去腥，再加入胡萝卜、韭黄翻炒。

3. 锅内加入其余调味料，翻拌均匀，炒熟盛出，晾凉备用。

4. 取春卷皮摊在案板上，放上25克馅心。

5. 将春卷皮从下向上翻折，左右两边向中间折拢，折成长12厘米、宽2.5厘米的长条形，即成春卷生坯。

6. 锅内加入油，烧至七成热时，将春卷生坯放入锅中炸制，炸至外皮发脆、呈金黄色时捞出即可。

● **技术要领**

1. 春卷皮要密封存放，防止风干变硬。

2. 胡萝卜和里脊肉要切得粗细均匀。

3. 包入馅心并折叠后，可以沾一些面糊封好口。

4. 炸制时要掌握好火候，不可炸制时间过长，因为制品捞出后的余温会使制品进一步上色。

◆ 测评

项目	评分标准	配分	得分
馅心加工	刀法熟练，肉丝、胡萝卜丝长短一致、粗细均匀	10	
制馅	馅心炒制火候得当，调味符合要求	20	
成形	馅心晾凉后再包，包制方正整齐	30	
成熟	油温七成热下锅，炸至金黄色出锅	20	
成品	成品为长 12 厘米、宽 2.5 厘米的长条形	20	
合计		100	

总体评价：＿＿＿＿＿＿＿＿＿＿＿＿＿＿＿＿＿＿＿＿＿＿＿＿＿＿＿＿＿＿＿＿

＿＿＿＿＿＿＿＿＿＿＿＿＿＿＿＿＿＿＿＿＿＿＿＿＿＿＿＿＿＿＿＿＿＿＿＿。

第二节　热水面团炸制品种制作

热水面团是指用 80 ℃以上的水和面粉调制而成的面团。由于水温较高，面粉中的蛋白质完全热变性，淀粉大量糊化，致使面团黏糯、无筋性、色泽较暗、可塑性强、口感细腻软糯、微微带甜。热水面团常用于制作烫面炸糕、菜角等油炸制品。

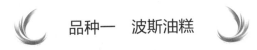

品种一　波斯油糕

　　波斯油糕是四川传统特色小吃，其成品顶部纹路清晰，呈蜘蛛网状，因四川川西地区称蜘蛛网为波丝网而得名。如今，也有根据波斯油糕的特征创新出的花篮酥、天鹅酥等新品种。

● **成品特点**　顶部呈网状，形似蘑菇，香酥可口。

● **皮坯原料**　面粉 100 克，黄油 50 克，水 75 克。

● **馅心原料**　豆沙馅适量。

● **制作步骤**

1. 按照原料清单准备好所有原料，黄油提前室温下解冻，面粉过筛。

2. 盆中加入水烧沸后转小火，将面粉倒入沸水中，用筷子快速搅拌。

3. 待面粉全部烫熟、充分搅拌均匀成团后，离火并取出。

4. 将取出的面团快速揉均匀，用刮板推擦，摊开晾凉。

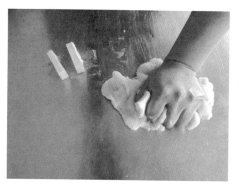

5. 待面团不烫手时，分三次加入黄油，每次揉搓均匀后再加入下一块黄油。

6. 将黄油完全揉搓进面团中，揉成手感柔软、无弹性的面团。

7. 将面团搓成长条，用刮板切分出约20克一个的剂子。

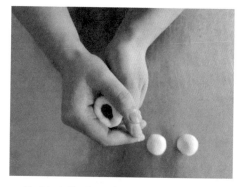

8. 将剂子按扁后包入 10 克左右的馅心，用右手虎口收紧收口后，底部朝下依次摆放。

9. 锅中加油烧至 150 ℃，将生坯放入漏勺中下入油锅，炸至飞丝定形、颜色金黄即可出锅控油。

10. 将成品从漏勺中取出，摆盘装饰即可上桌。

● **技术要领**

1. 面粉要在水沸腾的状态下快速加入。

2. 黄油要分次加入，用量要准确。

3. 馅心要包在面皮正中间。

4. 炸制时控制好油温，油温过低，飞丝不能定形出漂亮的花纹；油温过高，面坯表面快速定形，不易飞丝。

5. 成品取出时要小心，避免破坏成品形状。

● **测评**

项目	评分标准	配分	得分
和面	面粉过筛，烫面温度掌握准确，黄油用量准确，面团柔软、不黏手	30	
下剂	切剂干脆利落，剂子截面平整、均匀一致	10	
成形	馅心包在面皮正中间，收口完整	20	
成熟	油温掌握准确，成品颜色金黄，无浸油现象	20	
成品	成品完整，顶部呈网状，形似蘑菇，香酥可口	20	
合计		100	

总体评价：_____

_____。

品种二　炸菜角

炸菜角是河南的一道特色小吃，是用面皮包裹韭菜、鸡蛋和粉条，一起放入油锅中炸制而成的。它的做法虽然简单，口味却十分鲜香，尤其是刚出锅的炸菜角，色泽金黄，香味浓郁。

◆ **成品特点**　形态饱满，小巧精致，皮薄馅大，酥香可口。

◆ **皮坯原料**　面粉 300 克，调和油 20 克，水 220 克。

◆ **馅心原料**　韭菜 100 克，鸡蛋 2 个，粉条 50 克，虾皮 10 克，香油、老抽、胡椒粉、盐、花椒粉、味精、香叶、花椒、八角、葱、姜适量。

◆ **制作步骤**

1. 按照原料清单准备好所有原料，粉条、韭菜提前洗干净，葱切段，姜切片，面粉过筛。

2. 锅中加入少许油，下入大料、葱、姜小火炒香，加入沸水，放入粉条及调味料。

3. 粉条煮软后盖上锅盖，小火焖制 5 分钟，关火焖制 20 分钟左右，直至粉条吸干水分、用筷子一夹即断即可。挑出大料，放在案板上剁成段，摊开晾凉备用。

4. 另起锅烧油，将鸡蛋打散，油烧热后将蛋液倒入，炒制成熟，摊开晾凉。鸡蛋剁成黄豆大小的粒，韭菜切成 2 毫米宽的小段，粉条装入盘中备用。

5. 将韭菜倒入拌馅碗中，加入香油搅拌均匀，再依次加入粉条、鸡蛋、虾皮以及其他调味品，搅拌均匀备用。

6. 盆中加入 220 克水烧沸，将沸腾的水倒入面粉中，边倒边搅拌，直至搅拌成无干面粉的大块状。

7. 将烫好的面粉倒在桌子上，趁热揉搓均匀并摊开晾凉，再将 20 克油分次加入晾凉的面团中，双手交替揉搓均匀，饧制 5 分钟。

8. 将饧制好的面团搓成长条，下成 30 克左右一个的剂子，均匀、有间隙地摆列整齐。

9. 将剂子按成扁圆形，使用单手杖将剂子擀成直径约 13 厘米的圆皮。

10. 将圆皮对折，用刀背在面皮中间位置用力下压，将对折后的圆皮分成两份，用手将刀口处捏紧。

11. 将捏好的面皮握于手心，成漏斗状，手持馅挑放入馅心，馅心放至八分满，将面皮边缘合拢，捏成三角形生坯。

12. 将三角形生坯的底边推捏出绳股花边，再用拇指和食指沿三角形生坯纵线处，由上往下依次推捏出波浪花边，即完成生坯制作。

13. 锅置火上，倒入油，烧至五成热时下入生坯，炸至表面凸起小泡、颜色金黄即可捞出。

14. 将炸制好的成品放在吸油纸上充分吸油后，摆盘装饰即可。

● **技术要领**

1.热水面团因淀粉受热糊化会大量吸水，所以比冷水面团、温水面团加水量要多。

2.调制面团时，热水要浇匀，边浇边搅拌，以保证烫熟、不夹生。

3.烫好的面团要及时摊开散尽内部热气，晾凉后要加入食用油。

4.搓条前，保证面团已经充分饧制，否则会导致面团搓不开或搓不光滑。

5.推捏绳股花边时，用力要轻，不能弄破皮边，花纹要清晰。

6.炸制时要控制好油温，油温过低，制品色泽浅淡，易变形且达不到成品要求；油温过高，容易使制品色泽过深，炸焦、炸煳或外焦里生，不能食用。

● **测评**

项目	评分标准	配分	得分
和面	热水要浇匀，面团烫熟、无夹生，软硬适中	20	
制馅	用料比例合适，调味料加入顺序正确	10	
下剂	双手配合连贯，剂子重量、大小一致，截面平整、无毛边	20	
制皮	熟练掌握擀皮方法，双手配合默契、用力均匀，面皮圆整、无破边	20	
上馅	馅心放在面皮中间，装至八分满	20	
成熟	油温符合要求，成品色泽均匀	10	
合计		100	

总体评价：_____

_____。

 品种三　冰花蛋球

冰花蛋球是用鸡蛋、黄油还有面粉混合炸制而成，炸制成熟后再在外面粘一层白糖。它主要流行于广东地区，因为表面滚粘了一层白糖，就像满头白发的老翁，所以也被称为"沙翁"。

⬢ **成品特点**　色泽金黄，质感膨松，表面布满白色"冰花"。

⬢ **皮坯原料**　面粉 200 克，水 240 克，鸡蛋 3 个，黄油 28 克。

⬢ **装饰原料**　白糖 100 克，麦芽糖 40 克，水 60 克。

⬢ **制作步骤**

1. 按照原料清单准备好所有原料，面粉过筛备用。

2. 水中放入黄油煮沸后，改为小火，放入面粉。

3. 面粉放入后快速搅拌，用力搅至无生粉颗粒后，离火散热，晾凉备用。

4. 将鸡蛋打散，加少量的蛋液到晾凉的面团中，搅拌均匀。

5.如此反复多次，直至将蛋液全部加入，并与面团搅拌均匀、融合为止。

6.把拌匀的面团取出，放到裱花袋内，挤净裱花袋内空气。

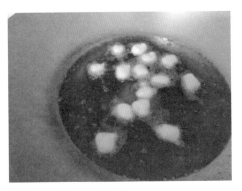

7.将油锅烧至五成热，把调制好的面团挤成小球下入油锅中小火浸炸，待蛋球浮起并变大后开大火，提高油温上色。

8.另起锅，准备白糖、麦芽糖、水备用。

9.将白糖、麦芽糖、水加入锅中，煮至糖液冒泡，熬制成有黏性的糖胶。

10.改小火，保持温度，下入炸好的蛋球。

11. 将每一个蛋球都均匀地裹上糖胶后，盛出。

12. 盛出后趁热沾上一层白糖，摆盘装饰即可。

⬡ 技术要领

1. 面粉必须过筛，否则面团容易有生粉颗粒。

2. 烫面时必须将面粉烫匀、烫透，否则影响制品口感。

3. 面团晾凉后再加入蛋液，否则易把鸡蛋烫熟。

4. 蛋液要分多次添加，完全搅匀后再添加下一次。

5. 炸制时要控制好火候，待蛋球体积膨胀 2 倍后，再提高油温上色。

6. 炸制时需要不停地翻动，使蛋球受热均匀、膨胀一致、色泽金黄。

⬡ 测评

项目	评分标准	配分	得分
和面	面粉要完全烫熟，无生粉颗粒	20	
加蛋液	少量多次添加，每次添加都要完全搅拌均匀	20	
成形	用裱花袋挤出大小均匀、直径约 2 厘米的圆球	10	
成熟	先低油温使其膨胀，再高油温使其上色，不断搅动使其受热均匀、膨胀一致、色泽金黄	20	
糖胶	糖胶浓稠、透明、有黏性，均匀包裹每一个蛋球	10	
装饰	白糖均匀粘在每一个蛋球上	10	
成品	成品色泽金黄，表面均匀布满白糖，内部质感膨松	10	
合计		100	

总体评价：＿＿＿＿＿＿＿＿＿＿＿＿＿＿＿＿＿＿＿＿＿＿＿＿＿＿＿＿＿＿＿＿＿＿＿＿＿＿
＿＿

第三节　温水面团炸制品种制作

　　温水面团是指用 60 ~ 80 ℃的水和面粉调制而成的面团，其黏性、韧性、弹性、可塑性均介于冷水面团和热水面团之间。温水面团常用的和面方法是先用热水烫一部分面，再用冷水把面团和在一起，这样和面能较好地控制面团的韧性、弹性和可塑性。

品种一　布袋饼

　　布袋饼又称空心饼，起源于民间，其炸制后中空饱满，从中间剪成两半，将菜夹到饼中即可食用，如布袋羊肉、布袋土豆丝等。

◈ **成品特点**　色泽金黄，酥香不腻。

◈ **皮坯原料**　面粉 200 克，调和油 30 克。

◈ **制作步骤**

1. 按照原料清单准备好所有原料，面粉选用中筋面粉，提前过筛。

2. 盆中加水烧沸，取适量沸水倒入面粉中，边倒边搅拌，将面粉烫成半烫面。

3. 将烫好的面倒在案板上，加入适量水，和成软硬适中的面坯。

4. 把揉搓均匀的面坯用掌根推搓开，摊开散热。

5. 待面坯完全晾凉后，加入适量油，顺着一个方向将面坯揉匀，饧制 5 分钟。

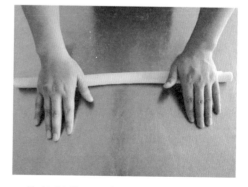

6. 将饧好的面坯捏制紧实，双手掌根压在长条上，用力均匀地推搓成粗细均匀的剂条。

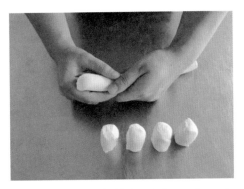

7. 双手配合，将剂条下成 15 克一个的剂子。

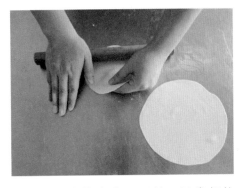

8. 在剂子上撒少许干面粉，用掌根按扁后擀成直径约 13 厘米的圆皮。

9. 刷子上沾少许油，抹在圆皮中间部分。

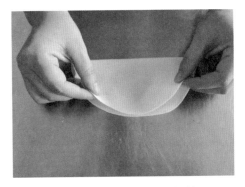

10. 将圆皮对折，边缘处捏紧封口。

11. 左手辅助用力，右手拇指和食指配合，将边缘推捏出绳股花边。

12. 锅中倒入油，油温升至 150 ℃左右时下入生坯，炸至色泽金黄、中间鼓起，捞出控油。

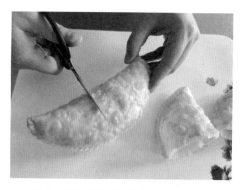

13. 用剪刀将成品从中间剪开。

14. 装入炒好的小菜，即可装盘食用。

⬡ 技术要领

1. 面团晾凉后再加入油，避免提前加入导致热气不易发散。

2. 揉面时要顺着一个方向，否则内部形成的面筋网络会被破坏，影响搓条、下剂。

3. 面团饧制时要盖上湿布或碗，防止表面变干甚至结干皮。

4. 油要刷在面皮中间，避免边缘处沾到，导致不易封口。

5. 面皮对折边缘要整齐，推捏绳股花边用力要适度、花纹要均匀。

6. 炸制时要注意油温，油温过高时要及时控制火源大小，可添加冷油或增加生坯数量达到降温目的。

7. 炸制过程中注意翻面，避免成品颜色不均。

⬡ 测评

项目	评分标准	配分	得分
和面	熟悉半烫面的烫制方法，灵活掌握加水量	20	
搓条	双手用力均匀，剂条粗细一致	10	
制皮	能熟练使用单手杖，皮坯规格一致	20	
刷油	刷油量合适，位置居中	20	
成形	熟练操作绳股花边，花纹均匀	20	
成熟	油温掌握准确，灵活运用火候	10	
合计		100	

总体评价：_____

_____。

品种二　凉粉盒子

凉粉盒子是用面粉做皮坯，用凉粉做馅心，经炸制而成的传统小吃，它爽弹滑口，深受大众喜爱。

◆ **成品特点**　花纹整齐美观，皮酥香、馅滑爽。

◆ **皮坯原料**　面粉 250 克。

◆ **馅心原料**　绿豆凉粉 300 克，大蒜 60 克，豆瓣酱 15 克，盐 5 克，花椒油 10 克，胡椒粉 2 克，味精 2 克，调和油 5 克。

◆ **制作步骤**

1. 按照原料清单准备好所有原料，大蒜去皮，凉粉清洗干净，面粉选用中筋面粉。

2. 凉粉切成黄豆大小的粒，蒜切成蒜末。锅烧热，加入底油，倒入豆瓣酱炒出红油后，加入蒜末，炒出香味。

3. 放入凉粉，翻炒均匀后加入调味料，炒熟后放入盘中，摊开晾凉。

4. 锅中加水烧沸，取适量沸水浇入面粉中烫制，再加入适量冷水，将面粉和成软硬适中的面坯。

5. 将揉搓均匀的面坯用掌根推搓开散热，完全晾凉后加入适量油，再次揉搓均匀，饧制5分钟。

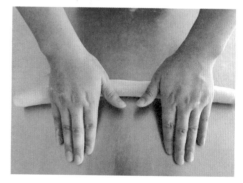

6. 将饧好的面坯搓成长条，双手掌根压在长条上，推搓成粗细均匀的剂条。

7. 将剂条下成10克左右一个的剂子，并摆放整齐。

8. 取单手杖，右手压在擀面杖上，左手将剂子按扁后，捏住剂子的一边，双手配合，边转剂子，边用擀面杖前后推擀，将剂子擀成直径约8厘米的圆皮。

9. 取一圆皮，放在左手四指上，再放入馅心，用馅挑按压紧实。

10. 将面皮对折，边缘捏紧、不露馅，成水饺状，右手沿边缘依次推捏出绳股花边，即成生坯。

11. 锅中倒入油，油温升至 150 ℃左右时，下入生坯，炸至色泽金黄，捞出控油。

12. 将做好的成品摆盘装饰即可。

● 技术要领

1. 烫一半面粉即可，以使面团可塑性更强，口感更丰富。

2. 和好的面团要及时散热，避免面团内部继续膨胀、糊化，导致面团变软、黏手，不易操作。

3. 豆瓣酱要用小火、低油温炒制。

4. 豆瓣酱较咸，应注意调味时的加盐量。

5. 避免馅心中的油沾抹到面皮四周，以防边缘粘不牢固。

6. 炸制火候、时间要灵活掌控，避免油温过低或炸制时间过长，以防面皮发干、发硬，影响口感。

● 测评

项目	评分标准	配分	得分
制馅	能合理运用刀工，原料切配符合要求，调味料用料准确	20	
和面	掌握半烫面的烫面方法及加水量	10	
下剂	下剂方法正确，剂子大小一致，剂口平整，摆放整齐	20	
制皮	擀皮手法正确，皮坯大小一致，符合标准	20	
上馅	皮馅比例为 1 : 2，熟练操作绳股花边且花纹均匀、整齐	20	
成熟	油温控制得当，成品无色差	10	
合计		100	

总体评价：_____

_____。

第二章

膨松面团炸制面点制作

学习目标

1. 能独立完成生物膨松面团、化学膨松面团的调制。
2. 能根据季节、温度变化，灵活调制生物膨松面团。
3. 能在教师指导下使用化学膨松剂调制化学膨松面团。
4. 能熟练应用搓的成形方法。
5. 能灵活掌握炸制时间，准确判断制品的成熟度。

在调制面团的过程中，添加膨松剂或采用特殊的膨胀方法，可使面团发生生化反应、化学反应或物理反应，从而达到膨松的效果。根据不同的膨松方法，膨松面团可以分为生物膨松面团、化学膨松面团、物理膨松面团三种。本章主要介绍生物膨松面团和化学膨松面团的炸制品种制作。

第一节　生物膨松面团炸制品种制作

生物膨松面团也称发酵面、发面、酵母膨松面团，是在面粉中加入适宜温度的水和生物膨松剂调制而成的面团。生物膨松面团制品具有体积疏松膨大、组织细密多孔、口感香醇适口等特点。

品种一　蜂蜜麻花

麻花是一种制作考究的传统风味小吃，很多地方都有自己的特产麻花，如"天津十八街麻花""稷山麻花"等。依照口感，麻花有酥麻花、脆麻花、软麻花等；依照口味，有甜味麻花、咸味麻花、五香味麻花和甜咸味麻花等；依照造型，有双股麻花、三股麻花、六股麻花等，更有形象生动的菊花麻花、松塔麻花、蝴蝶麻花、绣球麻花等异形麻花。

◆ **成品特点**　色泽棕红，外焦里软，奶香浓郁，营养丰富。

◆ **皮坯原料**　面粉 320 克，鸡蛋 1 个，酵母 3 克，盐 2 克，白糖 40 克，牛奶 140 克，调和油 10 克，蜂蜜 10 克。

◆ **制作步骤**

1. 按照原料清单准备好所有原料，称量准确。

2. 面粉过筛，放在案板上开窝。

3. 中间加入白糖、酵母、盐、鸡蛋、蜂蜜和牛奶，将所有原料搅拌均匀、充分乳化后，拌入面粉中。

4. 将面粉和成面团并充分揉匀，揉至面团光滑细腻、没有干粉颗粒时，盖上湿布饧制 15 分钟。

5. 将饧好的面团搓成宽约 3 厘米的长条，下成 30 克一个的剂子。

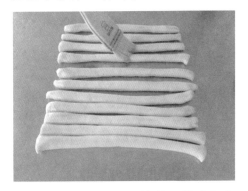

6. 案板上抹少许油，将剂子搓成长约15 厘米的细条，整齐摆放在刷过油的案板上，再在细条表面刷少许油，饧制 30 分钟。

7. 将饧好的面条搓成约 30 厘米长，取三条面条，将一端轻轻捏在一起，编成三股辫子形状，收口捏紧。

8. 将另一端向反方向编成三股辫子形状，收口捏紧即成生坯，静置 10 分钟，等待发酵。

9. 锅内加油烧至四成热，下入生坯，炸至生坯浮起、体积膨胀、底部上色后上下翻动。

10. 不停上下翻动，保证生坯颜色均匀一致，炸至表面棕红色出锅、装盘，即可完成制作。

⬢ 技术要领

1. 面粉开窝后，要将所有原料混合均匀、充分乳化后，再拌入面粉中调制成团。

2. 第一次搓条后要充分饧制再进行成形，否则面团弹性大，难以编制。

3. 成形时不宜编制过紧，否则成熟时制品容易开裂。

4. 成形后要充分醒发，待体积明显膨胀后再进行炸制。

5. 炸制时油温不宜过高，否则制品容易外焦内生。

⬢ 测评

项目	评分标准	配分	得分
和面	原料称量准确，面团较软	10	
搓条	搓好的条粗细均匀，宽约 3 厘米，面条不回缩	10	
下剂	剂子大小、规格一致，每个约 30 克	10	
第一次搓条	粗细均匀，面条光洁，长短一致，表面刷油	10	
第二次搓条	面条延伸性良好，弹性较小，长约 30 厘米，粗细均匀	10	
成形	三股辫子整齐均匀，收口严实	20	
成熟	油质清洁，油温准确，四成热油温下锅	20	
成品	颜色均匀一致，无开裂现象	10	
合计		100	

总体评价：_____

_____。

品种二　茴香小油条

　　茴香小油条是一道创新面点，除了可以单独作为一道面点之外，还可创意性地将它与酸辣汤结合。小茴香有散寒止痛、理气和胃的功效，酸辣汤具有健脾养胃、柔肝益肾的作用，两道菜点的结合，可充分发挥二者的特点。

　　◆ **成品特点**　色泽金黄，香酥可口。

　　◆ **皮坯原料**　面粉400克，鸡蛋2个，盐6克，糖3克，酵母3克，小茴香15克，牛奶200克，调和油25克。

　　◆ **制作步骤**

1. 按照原料清单准备好所有原料，面粉选用低筋面粉。

2. 将小茴香放锅中炒熟，用擀面杖擀碎。

3. 面粉过筛开窝，放入鸡蛋、牛奶、白糖、酵母、盐、油和炒熟的小茴香。

4. 将所有原料混合均匀，揉成光滑的面团。

5. 将面团擀成约4毫米厚的面片。

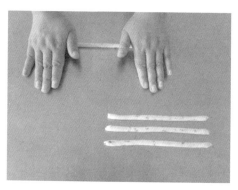

6. 再将面片切成约4毫米宽的条，并用双手将其搓光、搓圆。

7. 将搓好的条静置醒发20分钟，即成生坯。

8. 把醒发好的生坯下入120℃的油锅中炸至金黄色即可。

◈ 技术要领

1. 面团要软硬适当。

2. 可将牛奶加热到 35 ℃左右，以保证面团的发酵速度。

3. 醒发时间不宜过长，发至体积变化一倍即可，否则成品表面容易开裂。

4. 搓条要用力均匀，条要粗细一致。

5. 炸制时掌握好油温。

◈ 测评

项目	评分标准	配分	得分
和面	面团软硬要适当，面团表面光滑	20	
成形	生坯厚约 4 毫米、宽约 4 毫米	10	
搓条	粗细均匀，表面光洁	20	
醒面	面坯体积明显变大一倍	10	
成熟	炸制时用 120 ℃的油温	20	
成品	色泽金黄，酥香适口，大小一致，规格统一，每个成品重约 15 克	20	
合计		100	

总体评价：_____

_____ 。

 品种三 富贵牛肉饼

富贵牛肉饼因有着与汉堡相似的外形，又被称为"中式汉堡"。该面点属于生物膨松面团，采用复合成熟的方法，配上酱香浓郁的熟牛肉和清香的生菜芯，使制品在口感上更具层次。

◆ **成品特点**　色泽金黄，外焦里嫩，口感丰富。

◆ **皮坯原料**　面粉 250 克，吉士粉 75 克，白糖 15 克，泡打粉 3 克，酵母 3 克，温水 130 克。

◆ **馅心原料**　生菜芯 200 克，五香酱牛肉 200 克。

◆ **制作步骤**

1. 按照原料清单准备好所有原料，面粉选用低筋面粉，将五香酱牛肉切成约 2 毫米厚的片备用。

2. 将面粉和泡打粉、吉士粉过筛后放在案板上开窝，中间加入酵母和白糖。

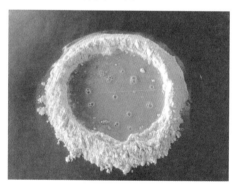

3. 先倒入少量的温水，将酵母与白糖混合均匀，再分次加水，揉成光滑的面团，盖上湿布饧制 10 分钟左右。

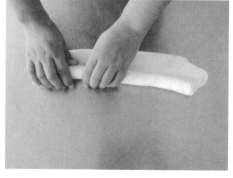

4. 将饧好的面团放在压面机中反复压光、压实，再卷成圆筒状。

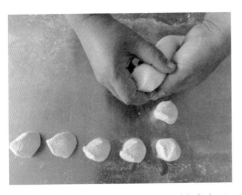

5.用双手手掌将圆筒状面团搓成粗细均匀的长条，下成50克左右一个的剂子。

6.将剂子按扁，中间用拇指按凹陷，把四周的面往中间收，再用虎口拢住，交口收严，形成圆形面剂。

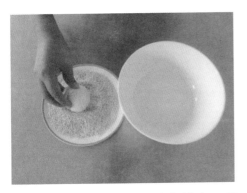

7.在圆形面剂的光滑面沾少量水，再沾上芝麻，将收口朝下，按扁，制成生坯。

8.将按扁的生坯放入醒发箱醒发至体积变大一倍，再放入蒸箱蒸8分钟即可。

9.把蒸熟的半成品放入五成热油锅中。

10.炸至两面金黄，捞出晾凉。

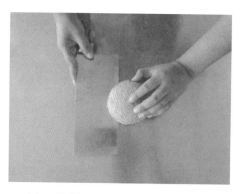

11. 用刀将饼坯从侧面切开，夹入生菜叶和牛肉片。

12. 将富贵牛肉饼成品进行装盘，完成制作。

◆ 技术要领

1. 和面时水量适当，吉士粉吸水量大，可适当加水。

2. 宜用 30 ℃左右的温水，以保证面团的发酵速度。

3. 醒发时间不宜过长，发至体积变大一倍即可蒸制，否则制品表面容易开裂。

4. 控制好油温和炸制时间，以免炸成阴阳面。

5. 将半成品放凉后再用刀切开，以免切时变形。

◆ 测评

项目	评分标准	配分	得分
和面	面团软硬适中，面与水的比例为 2 : 1	10	
搓条	粗细均匀，直径约 3 厘米	10	
下剂	剂子大小均匀，每个约重 50 克	20	
成形	表面光滑、无皱纹，收口朝下	20	
成熟	油温控制在四成热	10	
夹馅	肉片薄厚均匀，每片厚约 2 毫米	10	
成品	色泽金黄，外焦里嫩；发酵适度，表面无裂纹；大小一致，规格统一，每个成品重约 60 克	20	
合计		100	

总体评价：_____

_____。

第二节　化学膨松面团炸制品种制作

化学膨松面团是在配料中加入化学膨松剂，经过调和形成具有受热膨胀特性的面团。在实际操作中还要添加一些辅料，如油、糖、蛋、乳等，使成品更具特色。

品种一　油条

油条是最受大众喜爱的食品之一，它是将两块长条面团捏在一起经炸制而成的。色泽金黄、口感酥脆的油条配上一碗豆浆是很多地区人们早餐的标配，干稀搭配、粮豆互补、营养健康。

◆ **成品特点**　色泽金黄，焦香酥脆。

◆ **皮坯原料**　面粉 350 克，泡打粉 5 克，盐 5 克，黄油 25 克，臭粉 1.5 克，小苏打 1.5 克，酵母 3 克，鸡蛋 1 个，水 250 克。

◆ **制作步骤**

1. 按照原料清单准备好所有原料，称量准确。

2. 将面粉与泡打粉过筛，放在案板上开窝。

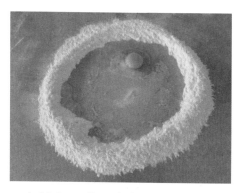

3. 中间加入盐、臭粉、小苏打、酵母、鸡蛋和水。

4. 将原料全部搅拌至溶化，融合均匀后再拌入面粉，抄拌成麦穗状。

5. 加入软化的黄油，用力揣至面团光滑细腻，盖上保鲜膜饧制半小时。

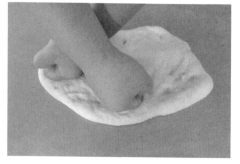

6. 再次揣制饧好的面团，盖上保鲜膜，在案板上抹少许油，饧制 30 分钟。如此反复三次，面团变得光滑细腻。

7. 将面团顺长擀成宽约 10 厘米、厚约 1 厘米的长方形面片，表面刷少许油。

8. 再切成宽约 2.5 厘米的长条。

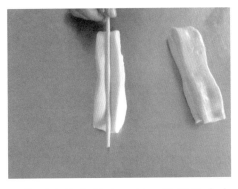

9. 将两个长条摞在一起，用筷子在中间压一道痕迹。

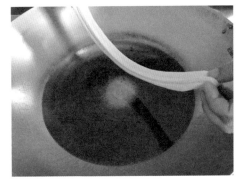

10. 锅内放油烧至六七成热，用双手拉住面条两头，顺势拉长至 20 厘米左右，放入油锅。

11. 用筷子不停来回拨动，以便油条更好地膨胀。

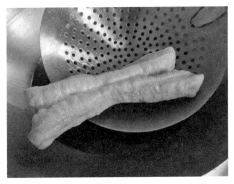

12. 待油条色泽金黄时捞出，即可装盘食用。

◆ 技术要领

1. 水量适当，面团调制好后较软。

2. 黄油在基本成团后再加入。

3. 采用揣面的方法，将面从四周向中间叠揣。

4. 面团和好后要"三叠三饧"。

5. 炸制时油温宜在六七成热，不能太低。

◆ 测评

项目	评分标准	配分	得分
和面	水量准确，黄油加入时机准确，采用揣面法和面	20	
饧面	"三叠三饧"，不能揉制	20	
擀面	厚度约为 1 厘米，宽度约为 10 厘米	10	
切条	宽约 2.5 厘米，大小一致、不变形	10	
成熟	油温六七成热，用筷子来回拨动	20	
成品	色泽金黄，体积膨大均匀，切开后内部孔洞大而均匀	20	
合计		100	

总体评价：＿＿＿＿＿＿＿＿＿＿＿＿＿＿＿＿＿＿＿＿＿＿＿＿＿＿＿＿＿＿＿

＿＿＿＿＿＿＿＿＿＿＿＿＿＿＿＿＿＿＿＿＿＿＿＿＿＿＿＿＿＿＿＿。

品种二　开口笑

开口笑是一款传统的风味点心，属于化学膨松面团制品。开口笑用料讲究，和面时，在选用低筋面粉调制面团的同时加入了黄油、鸡蛋、白糖等原料，极大地限制了面筋的生成，另外还添加了泡打粉，使生坯在炸制时能够自然开裂，成品开口自然、造型美观。

◈ **成品特点**　色泽金黄，焦香可口。

◈ **皮坯原料**　面粉400克，吉士粉50克，泡打粉3克，白糖190克，黄油65克，鸡蛋1个，温水100克。

◈ **装饰原料**　脱皮白芝麻300克。

◈ **制作步骤**

1. 按照原料清单准备好所有原料，面粉选用低筋面粉，白糖选用糖粉或绵白糖，芝麻选用脱皮白芝麻。

2. 将面粉、泡打粉、吉士粉拌匀，过筛放在案板上开窝。

3. 黄油切成薄片后用手掌由外向内搓软，加入白糖、鸡蛋搅拌均匀，充分乳化。

4. 将乳化好的糖蛋混合物放入窝内，加水继续搅拌均匀，采用翻叠法调制面团。

5.面团揉制光滑细腻后，擀成厚约1.5厘米的长方形面片。

6.将长方形面片切成约1.5厘米宽的长条。

7.再用刮板切成约1.5厘米宽的小面块。

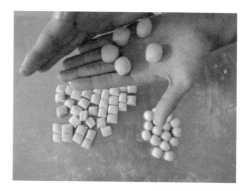

8.将每个面块放在手掌心揉搓成小圆球。

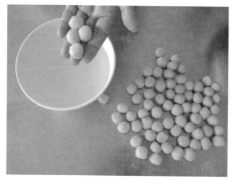

9.将小圆球放入水中过水，控干水分。

10.将小圆球放入芝麻中，表面均匀地沾满芝麻。

11. 将沾满芝麻的小圆球再次团圆，搓掉多余的芝麻即成生坯。

12. 油温加热至 150 ℃下入生坯，生坯迅速浮起，并自动排列整齐，炸至表面开口、色泽棕黄即可出锅。

◆ 技术要领

1. 面粉选用低筋面粉，否则面团筋性大，不易开口。

2. 白糖选用溶化速度快的糖粉或者绵白糖。

3. 所有原料充分乳化后再拌入面粉中。

4. 采用翻叠法调制面团，不能揉制，否则会产生面筋。

5. 生坯过水后再粘芝麻，以免炸制时芝麻脱落。

6. 炸制时油温适宜，油温低生坯容易松散、不成形，油温高生坯过早定形，不易开口。

◆ 测评

项目	评分标准	配分	得分
备料	原料选用准确，称量精准	10	
和面	采用翻叠法调制面团，不能揉制	20	
切条	条粗细一致，宽约1.5厘米	5	
下剂	剂子大小一致，均为宽约1.5厘米的小面块	5	
成形	圆润光洁，呈圆球状	10	
过水	过水后控干，生坯表面无明显滴水	10	
粘芝麻	芝麻沾裹均匀，搓掉多余芝麻	10	
成熟	油温准确，炸制时生坯不松散，开口呈均匀的三瓣状	20	
成品	大小一致，色泽均匀，芝麻沾裹牢固	10	
合计		100	

总体评价：_____

品种三　蛋散

　　蛋散是两广地区著名的传统小吃，是以面粉、鸡蛋为原料和面，经炸制而成的，蘸糖食用，口感香脆。相传"蛋散"名称的由来，是因为原料有鸡蛋，再加上入口即化的特点，像散了架似的，所以后人就把这一名称沿用下去了。

● **成品特点**　色泽浅黄，质地松脆，形如带结，表面有珍珠气泡。

● **皮坯原料**　面粉 500 克，鸡蛋 3 个，臭粉 15 克，泡打粉 10 克，调和油 5 克。

● **装饰原料**　白糖 100 克，麦芽糖 40 克，水 60 克。

● **制作步骤**

1. 按照原料清单准备好所有原料，面粉选用高筋面粉。

2. 将面粉和泡打粉拌在一起放在案板上开窝，中间加入鸡蛋、臭粉搅匀。

3. 将面粉抄拌均匀后，和成光滑均匀的面团。

4. 将和好的面团放入大碗中，封上保鲜膜饧制 20 分钟。

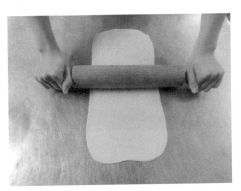

5. 将饧好的面团按扁，修成长方形后，再擀成约 0.1 厘米厚的薄片。

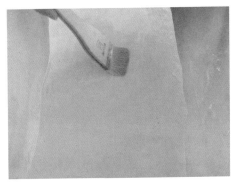

6. 把面片对折切开，中间刷上一层薄薄的油。

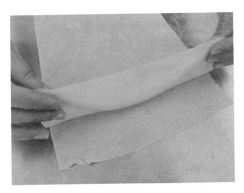

7. 把两个面片平铺到一起，注意边缘要对齐。

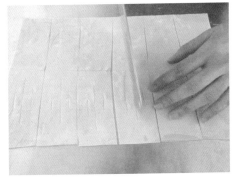

8. 将面片切成宽约 5 厘米、长约 10 厘米的长方形面片，并在每个面片上划三刀，注意两头不划断。

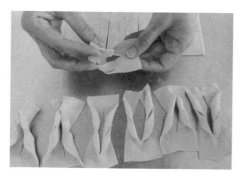

9. 将面片一端对折，从中间划开的刀口穿过去即成生坯。

10. 油温烧至五成热左右下入生坯，炸至色泽金黄、膨松即可出锅。

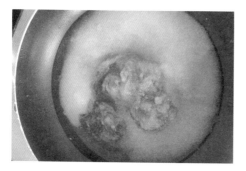

11. 将白糖、麦芽糖、水放入锅中，煮至糖液黏稠、能拉丝时改为小火。

12. 将炸好的蛋散放入糖浆中，沾满糖浆后捞出装盘即可。

⬡ 技术要领

1. 面团要用鸡蛋和面，和好的面团要反复揉搓均匀。

2. 擀制面团时一定要把面团修成长方形，以减少废料。

3. 擀皮时用力均匀，干面粉不宜过多，否则表面易风干结皮。

4. 面皮薄厚一致、大小均匀，以便炸制时成熟度一致、色泽统一。

5. 熬制糖浆时一定要用小火，糖浆熬至能拉丝、有黏性即可。

⬡ 测评

项目	评分标准	配分	得分
和面	面粉和鸡蛋比例恰当，面团软硬适中	10	
制皮	用力均匀，薄厚一致（厚度约为 0.1 厘米），废料少	20	
成形	每个生坯长约 10 厘米、宽约 5 厘米，中间三刀均匀一致	20	
成熟	生坯下锅时保持形状整齐、受热均匀，没有阴阳面	20	
糖浆	透明、能拉丝、香甜、无异味	20	
成品	色泽浅黄，甜香酥脆，大小、规格一致	10	
合计		100	

总体评价：_____

_____。

 品种四　五香小麻花

　　五香小麻花是将三股条状的面拧在一起，经炸制而成的面食，它色泽金黄、咸鲜可口，且热量适中、营养丰富，是理想的休闲小食品。

　　◆ **成品特点**　色泽金黄，咸鲜可口。

　　◆ **皮坯原料**　面粉250克，酵母0.5克，盐3.5克，小苏打0.3克，花椒粉0.5克，鸡蛋30克，水75克，调和油15克。

　　◆ **制作步骤**

1. 按照原料清单准备好所有原料，面粉选用中筋面粉。

2. 将面粉过筛后在案板上开窝，加入酵母、盐、小苏打、花椒粉，再加入部分水和鸡蛋。

3. 将酵母、盐、小苏打、花椒粉、水和鸡蛋搅拌均匀，再和面粉混合，抄拌成麦穗状。

4. 再次加水，揉成均匀、表面光滑的面团。

5. 在案板上抹少许油，把揉好的面团擀薄，使面团变得松弛。

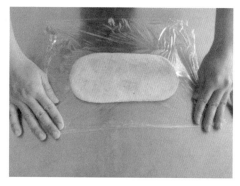

6. 盖上保鲜膜，饧制 20 分钟左右，防止面团表面风干结皮。

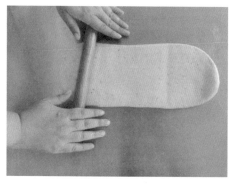

7. 将饧好的面团再次擀薄，厚度约为 0.5 厘米。

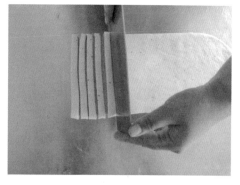

8. 将擀好的面团静置片刻后，切成 1 厘米宽的长条备用。

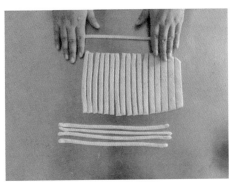

9. 把切好的长条轻轻地搓圆，直径约为 0.5 厘米。

10. 在搓圆的长条上刷一层油，再次饧制 30 分钟。

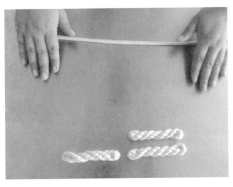

11. 取一根饧好的长条，将其搓细、搓长，左手按住长条一端，右手向前搓动长条上劲儿。

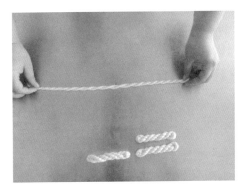

12. 长条上劲儿后，双手合拢，使其并成一股，再次搓条上劲儿。

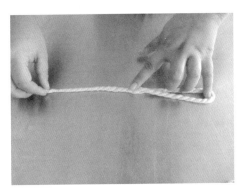

13. 再次搓条上劲儿后将面条平均分成三股。

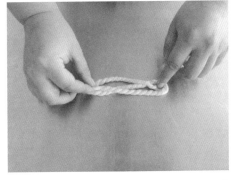

14. 把三股合到一起，使其自然上劲儿，拧成一股，将两端捏紧即成生坯。

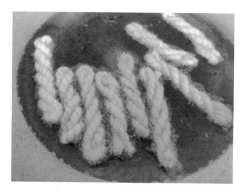

15. 锅内加油烧至三成热，下入生坯，先小火把水分炸干，再大火上色即可。

16. 将五香小麻花炸成棕红色，捞出装盘即可。

◆ 技术要领

1. 面团加水量要准确，面软成品易变形，影响质量。

2. 面皮擀制时尽量修成方形，擀制时用力均匀、薄厚一致。

3. 切条大小一致，以保证成品规格统一。

4. 搓条时用力均匀、适度，防止用力过猛将条搓断。

5. 再次搓条上劲儿后将面条平均分成三股，拧成一股后收口要收紧。

◆ 测评

项目	评分标准	配分	得分
和面	原料用量准确，面团软硬适中	20	
饧面	盖上保鲜膜饧制，防止表面风干结皮	10	
制皮	擀皮动作熟练，面皮薄厚均匀，厚度约 0.5 厘米	10	
切条	切成约 1 厘米宽的长条	10	
搓条	用力均匀，上劲儿要紧	20	
成熟	油温三成热下锅，小火慢炸，炸制成棕红色	20	
成品	大小一致，规格统一，每个成品长约 12 厘米	10	
合计		100	

总体评价：_____

_____。

品种五　甜香小麻花

甜香小麻花是把两股条状的面拧在一起，经炸制而成的面食，甘甜爽脆、甜而不腻，且营养丰富、热量适中，是理想的休闲小食品。

◈ **成品特点**　甘甜爽脆，甜而不腻。

◈ **皮坯原料**　面粉 250 克，鸡蛋 30 克，酵母 0.5 克，小苏打 0.3 克，糖 20 克，水 85 克，调和油 15 克。

◈ **制作步骤**

1. 按照原料清单准备好所有原料，将面粉开窝，放入酵母、苏打粉、鸡蛋、油、白糖搅匀，直至白糖溶化、原料充分乳化。

2. 再加入水搅匀后，拌入面粉中，先抄拌成麦穗状，再揉和成团，反复揉至面团表面光滑，盖上保鲜膜饧制 20 分钟。

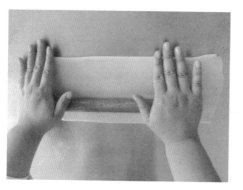

3. 将饧好的面团先擀成长方形，再擀成厚约 0.5 厘米的面片。

4. 在案板上抹上少许油，将擀好的面片修成长方形，饧制半个小时。

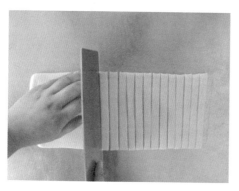

5. 将饧好的面片切成约 1 厘米宽的长条。

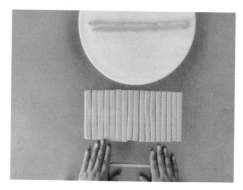

6. 将长条搓成宽约 0.5 厘米、长约 15 厘米的长条。

7. 在盘子上刷少量的油，把搓好的长条放到盘子上备用，在长条上刷少量的油防止粘连，盖上保鲜膜再饧制半个小时。

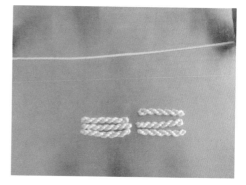

8. 将饧好的长条搓成宽约 0.3 厘米、长约 35 厘米的长条。

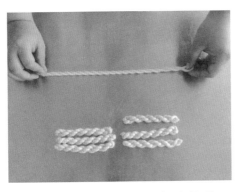

9. 将搓好的长条对折，左手按着一端，右手搓动长条上劲儿。

10. 上劲儿后左右手对折提起，让长条自然扭成在一起，然后将两端穿插到一起并捏紧，即成生坯。

11. 将生坯放入三成热的油中慢慢炸至金黄色。

12. 将炸好的麻花捞出控油，装盘即可。

⬡ **技术要领**

1. 和面时糖、油、蛋要乳化均匀，否则影响质量。

2. 切条大小一致，以保证成品规格统一。

3. 搓条上劲儿时用力均匀，每个麻花上劲儿程度一致。

4. 生坯收口要紧，防止炸制时散开。

5. 炸制时要小火慢炸，把水分炸干才能保证酥脆的口感。

◆ 测评

项目	评分标准	配分	得分
和面	糖、油、蛋要完全乳化均匀	20	
饧面	案板上要刷油防粘连	10	
制皮	薄厚均匀，呈长方形	10	
切条	切成约1厘米宽的长条	10	
搓条	粗细一致，不断条	20	
成熟	三成热油温下锅，炸至色泽金黄、上色均匀	20	
成品	大小一致，纹路清晰，长短相等，甜香酥脆，不油不腻	10	
合计		100	

总体评价：_____

_____。

第三章

层酥面团炸制面点制作

学习目标

1. 能正确表述层酥面团的调制方法及起酥原理。

2. 能独立完成水油面团、油酥面团的调制。

3. 能在教师指导下完成包酥、开酥、成形、成熟的操作。

4. 能灵活运用开酥要领，发现并解决开酥过程中出现的问题。

5. 能根据不同品种，灵活掌握炸制成熟的油温。

　　层酥面团由两块性质不同的面团构成，一块称为皮面，另一块称为油酥面，经过包、擀、叠等开酥方法，使其形成有层次的酥性面团。常见的皮面有水油面和酵面，常见的油酥面为干油酥。根据酥层的表现形式，可以将层酥面团制品分为明酥制品、暗酥制品和半暗酥制品，其中明酥制品又分为破酥类、排丝酥类、圆酥类、叠酥类制品。

第一节　破酥类炸制品种制作

　　破酥是指在表面没有层次的暗酥基础上切上花刀，从而使制品出现层次。由于暗酥的层次都在内部，切开炸制后酥层会自然张开，制品层次分明、外形饱满、栩栩如生。

品种一　荷花酥

荷花酥属于苏式面点，起源于杭州，源自明清时期，形似荷花，层次分明，食之酥松香甜，别有风味，后来被供为宫廷点心，还曾出现在满汉全席和万寿宴的菜单里。

⬡ **成品特点**　形似荷花，酥松香甜。

⬡ **皮坯原料**　低筋面粉 260 克，高筋面粉 40 克，黄油 60 克，水 150 克。

⬡ **油酥原料**　低筋面粉 200 克，黄油 100 克。

⬡ **馅心原料**　豆沙馅 100 克。

⬡ **制作步骤**

1. 按照原料清单准备好所有原料，黄油室温下软化，将高筋面粉与低筋面粉混合。

2. 面粉过筛后放在案板上开窝，放入黄油和水。

3. 水油面调制：将黄油和水充分搓擦，直至完全乳化后掺入面粉中，揉成光滑的水油面。

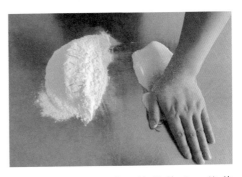

4. 干油酥调制：采用擦的技法，将黄油搓擦至软化，分次掺入面粉中，采用堆叠搓擦的技法，调制出细腻、不黏手的干油酥。

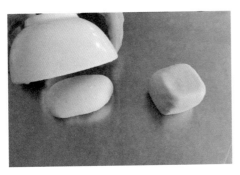

5. 将揉制光滑的水油面用碗盖住，饧制 10 分钟左右。

6. 将干油酥整理成约 1 厘米厚的长方形，封上保鲜膜放入冰箱冷冻。

7. 干油酥冻至跟皮坯硬度一致后取出。案板上撒些干面粉，将水油面擀至干油酥的 2 倍大，将干油酥放在水油面的一侧。

8. 将水油面对折，包裹住干油酥，将包好的面坯四周捏紧、捏严。

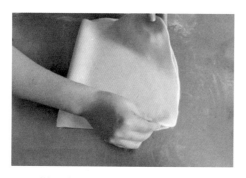

9. 用擀面杖轻轻将面坯擀开，擀制过程中勤撒干面粉、勤翻面，将面坯擀成约 3 毫米厚、50 厘米长、30 厘米宽的面皮，然后对折。

10. 将对折好的面皮调整下方向，继续擀制，擀制时勤撒干面粉、勤翻面。

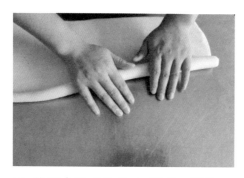

11. 将面皮擀成长约 60 厘米、宽约 30 厘米的薄片，再由上至下边卷边搓，卷成光滑的长条。

12. 用刀均匀地切出剂子，每个剂子 25 克左右。

13. 将剂子的两个截面用手捏实后放在案板上，用擀面杖擀成圆皮，再分出 8 克左右的豆沙馅，放在圆皮中间。

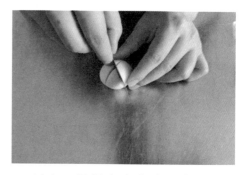

14. 用虎口慢慢向上收拢圆皮，将馅心完全包裹住，收口收紧向下，放至表面风干发硬，用美工刀将生坯表面平均划成六瓣，划至馅心即成生坯。

15. 锅内加油烧至约 100 ℃，下入生坯，炸至"花瓣"慢慢舒展，将温度升高至 150 ℃左右，炸至"花瓣"定形，出锅沥油。

16. 将成品进行装饰装盘，即完成荷花酥的制作。

● 技术要领

1. 酥皮与酥心比例适当，比例为3：2。酥皮比例大，成品层次不明显，口感硬实，质地不疏松；酥心比例大，擀制困难，容易破酥，成熟时易碎。

2. 酥皮与酥心硬度一致，这样开酥时层次分布更加均匀。

3. 圆皮包完馅心，收口处可以稍刷些蛋清，防止炸制时底部开口。

4. 用美工刀划"花瓣"时，生坯要放至表皮干硬，深度以划到馅心为佳。

5. 炸制时要控制好油温，油温过低"花瓣"不易定形，油温过高"花瓣"不易舒展。

● 测评

项目	评分标准	配分	得分
和面	水油面光滑、富有筋性。干油酥采用堆叠搓擦的手法，搓匀、搓透	20	
开酥	折叠时操作规范，面坯薄厚一致，无破酥	20	
切剂	每个剂子重量符合要求	10	
制皮	酥皮光滑、干燥、不破裂，大小符合要求	20	
成形	生坯大小、规格一致，操作规范	10	
成熟	油温掌握正确，成品层次细腻清晰	10	
成品	"花瓣"完全舒展，颜色洁白，无浸油现象	10	
合计		100	

总体评价：_____

_____。

品种二　海棠酥

　　海棠酥是中华传统名点之一，由安徽传统糕点改进而来，是人们对传统糕点进行的创新制作，其造型十分奇特，像一朵朵盛开的海棠花，惟妙惟肖，十分漂亮。

◆ **成品特点**　外形饱满，褶皱清晰均匀，口感松软。

◆ **皮坯原料**　低筋面粉 260 克，高筋面粉 40 克，黄油 60 克，水 150 克。

◆ **油酥原料**　低筋面粉 200 克，黄油 100 克。

◆ **馅心原料**　豆沙馅 100 克。

◆ **制作步骤**

1. 按照原料清单准备好所有原料，黄油室温下软化，将高筋面粉与低筋面粉混合。

2. 水油面、干油酥制法同荷花酥。

3. 将干油酥整理成约 1 厘米厚的长方形，封上保鲜膜放入冰箱冷冻。将水油面擀成干油酥的 2 倍大。

4. 将水油面对折，包裹住干油酥，再将包好的面坯四周捏实、捏严。

5. 用走槌轻轻将面坯擀开，擀制过程中勤撒干面粉、勤翻面，擀成厚约 5 毫米、长约 50 厘米、宽约 30 厘米的面片。

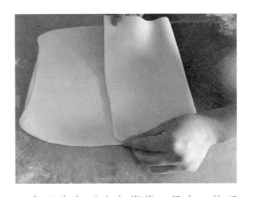

6. 在面片表面喷上薄薄一层水，将面片在 1/3 处对折，用手压平，将另外的一边折叠过来，用手压实，盖上湿布饧制 8 分钟左右。

7. 用走槌将饧制好的面片擀开，重复"步骤 6"后，再擀成厚约 5 毫米、长约 50 厘米、宽约 40 厘米的面片。

8. 修整好边缘后，用工具在面片上均匀地刻出圆皮，再将豆沙馅分成约 8 克一个的圆球。

9. 在圆皮内部薄薄地刷上一层蛋清，将豆沙馅放在圆皮中间。

10. 用手均匀地挤出海棠酥的五个"花瓣"，中间不留缝隙，每个"花瓣"大小均匀。

11. 用剪刀剪出第一层"花瓣"，厚度约2毫米，再剪出第二层"花瓣"，最后用剪刀修剪生坯的底部，斜45°剪出一个小三角形。

12. 在第一层"花瓣"上方刷上薄薄一层蛋液，向中间折叠，每一个"花瓣"都压住上一个"花瓣"，最后用筷子向下压实，即成生坯。

13. 锅内加油烧至120℃左右，下入生坯，炸至酥层清晰显露，将温度升高至150℃左右，炸至"花瓣"定形、微微上色后，出锅沥油。

14. 将成品进行装饰装盘，即完成海棠酥的制作。

⬢ **技术要领**

1. 酥皮与酥心硬度一致，酥皮软、酥心硬，擀制时易破酥；酥皮硬、酥心软，则不容易擀制，成品层次不清晰、不整齐。

2. 擀制时要用力均匀，起酥时酥皮要平整规则，四周与中间薄厚一致，否则酥层不均匀。

3. 包馅时，圆皮务必要刷蛋液，否则炸制时易散开。

4. 剪"花瓣"时要一层一层剪，注意不要剪断。

5. 在折叠"花瓣"时，下一个"花瓣"要压住上一个"花瓣"，最后用筷子用力下压，防止炸制时"花心"散开。

◆ 测评

项目	评分标准	配分	得分
和面	水油面光滑、富有筋性，视季节、面粉吸水性等因素酌情增加水量。干油酥搓匀、搓透	20	
开酥	折叠时操作规范，面坯薄厚一致，无破酥	20	
切剂	每个剂子重量符合要求	10	
制皮	合理使用工具，刻皮时合理安排布局，无过度浪费	10	
成形	生坯大小、规格一致，操作规范	20	
成熟	油温掌握正确，成品层次细腻清晰	10	
成品	"花瓣"层次整齐，颜色洁白，无浸油现象	10	
合计		100	

总体评价：_____

_____。

品种三　层层酥

　　层层酥属于川式面点，经过现代工艺的改良与创新，成为了一款造型独特的特色面点。制作时主要考验制作者对油温的把握和炸的功底，要达到酥层全部显露而不散，成品能稳稳地立在盘中。

◆ **成品特点**　形状饱满，层次丰富。

◆ **皮坯原料**　低筋面粉 260 克，高筋面粉 40 克，黄油 60 克，水 150 克。

◆ **油酥原料**　低筋面粉 200 克，黄油 100 克。

◆ **制作步骤**

1. 按照原料清单准备好所有原料，黄油室温下软化，将高筋面粉与低筋面粉混合。

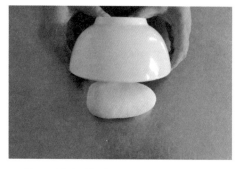

2. 按照制作荷花酥的方法调制水油面，面团揉光、揉透后，盖上湿布或碗饧制 10 分钟左右。

3. 用搓擦的方法制成干油酥，将干油酥整理成厚约 1 厘米的长方形，封上保鲜膜放入冰箱冷冻。

4. 干油酥冻至跟皮坯硬度一致后取出，将水油面对折，包裹住干油酥。

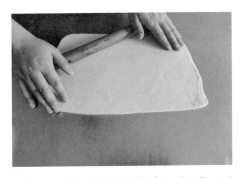

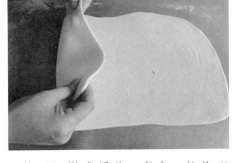

5. 将包好的面坯四周捏实、捏严，用走槌轻轻将面坯擀开，擀制过程中勤撒干面粉、勤翻面。

6. 将面坯擀成厚约 3 毫米、长约 50 厘米、宽约 30 厘米的面皮，然后对折，将对折好的面皮调整下方向继续擀制，擀成长约 60 厘米、宽约 30 厘米的面片。

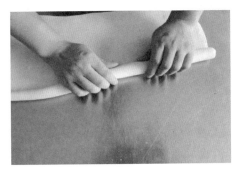

7. 将面片由上至下边卷边搓，卷成光滑的长条。

8. 用刀均匀地切出剂子，每个剂子 25 克左右。

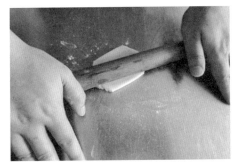

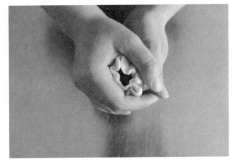

9. 将剂子的两个截面用手捏实后放在案板上，用擀面杖擀成圆皮。

10. 分出约 8 克一个的豆沙馅，放在圆皮中间。用虎口慢慢向上收拢圆皮，将馅心完全包裹住，收口处刷上蛋清，即成生坯。

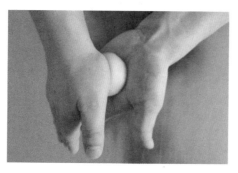

11. 将生坯放于手掌中，用掌根将其压扁，放至表皮变干硬。

12. 用美工刀在生坯侧面的 1/2 处划开，划至馅心，最后在生坯中间插入一根牙签。

13. 锅内加油烧至 120 ℃左右，下入生坯，边炸边用筷子轻轻向上拨，炸至酥层清晰显露。将温度升高至 150 ℃，炸至酥层明显、色泽洁白后，出锅沥油。

14. 将成品进行装饰装盘，即完成层层酥的制作。

⬡ 技术要领

1. 擀制时如果面团出现气泡，可以用美工刀或者竹签将其扎破，以免影响成品美观。

2. 圆皮包完馅心，收口处需要刷上薄薄一层蛋清，防止炸制时底部散开。

3. 在侧面开口时，需要把生坯放至表皮干硬。

4. 开口深度以划到馅心为佳，并在中间插上牙签，防止炸制时酥层散开。

5. 炸制时可以用筷子轻轻地由下至上拨动，帮助酥层翻起。

● 测评

项目	评分标准	配分	得分
和面	水油面投料顺序正确，干油酥采用堆叠的技法	20	
开酥	能正确掌握包酥、开酥方法，面团薄厚一致，无破酥	20	
切剂	剂子切口整齐，大小符合要求	10	
制皮	酥皮大小、薄厚符合要求	20	
成形	生坯大小、规格一致，操作规范	10	
成熟	正确掌握油温，控制好火候	10	
成品	层次清晰，颜色洁白，无浸油现象	10	
合计		100	

总体评价：＿＿＿。

第二节　排丝酥类炸制品种制作

　　排丝酥是在叠酥的基础上将酥皮用刀切成条状，然后用蛋液将每条粘接在一起成一整块，形成丰富的层次后再切成薄片，包入馅心，包捏成形的一类层酥制品。排丝酥酥层排列整齐，纹路清晰，可做多款造型酥点。

品种一　糖果酥

糖果酥是通过包酥、开酥、制皮等操作做成糖果的形状，再经炸制而成，具有形似糖果、层次清晰、口感酥香的特点，常作为筵席点心，也可作为展台品种。

◆ **成品特点**　形似糖果，层次清晰，口感酥香。

◆ **皮坯原料**　低筋面粉 260 克，高筋面粉 40 克，白糖 40 克，猪油 40 克，鸡蛋 1 个，水 80 克。

◆ **油酥原料**　低筋面粉 200 克，猪油 90 克，黄油 25 克。

◆ **馅心原料**　豆沙馅适量。

◆ **装饰原料**　寿司海苔一片。

◆ **制作步骤**

1. 按照原料清单准备好所有原料，黄油提前室温下软化，面粉提前过筛。

2. 将寿司海苔片剪成长约 8 厘米、宽约 0.2 厘米的海苔条备用。

3.水油面和干油酥按制作荷花酥的方法调制，包在一起。

4.把包好干油酥的面团擀开，擀成长约45厘米、宽约30厘米的长方形，分成三等份后叠成三折。

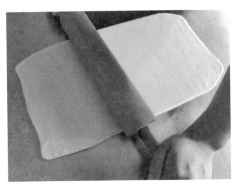

5.将叠好的面坯再次用走槌擀开，擀成长约45厘米、宽约30厘米的长方形。再次分成三等份，叠成三折。

6.再次将面坯擀成长约45厘米、宽约30厘米的长方形，去除两边废料，用刀片将其分割成长约30厘米、宽约6厘米的长方形面片，共分成七份。

7.刷去面片表面干面粉，将七份面片叠压整齐，每叠压一次都刷上一层蛋清，蛋清要刷均匀，以便黏合更加紧密。

8.将叠压好的面片用保鲜膜封好，放至平盘中，放入冰箱冷冻2小时。

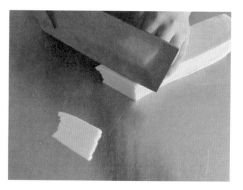

9. 取出冻好的面片，去除废料，斜刀切成厚约 0.3 厘米的条。

10. 在案板上撒少许干面粉，用单手杖将条擀成长约 8 厘米、宽约 7 厘米的长方形面片。

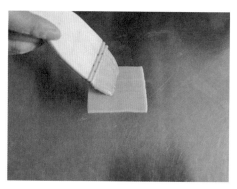

11. 将两边修整齐，将少许蛋液刷在长方形面片的中间部分。

12. 取 10 克左右的豆沙馅，搓圆，放在面片横纹边缘，顺势卷起，包严馅心。

13. 用虎口将面片两端循序渐进地收拢、捏紧，即成生坯。

14. 将海苔条沾少许蛋液，缠绕在生坯两端。

15. 将生坯放入 120 ℃的油中进行炸制，炸至层次清晰、色泽淡黄即可出锅。

16. 将炸好的糖果酥放在吸油纸上吸干油分，摆盘装饰即可。

● 技术要领

1. 水、油要充分擦匀、乳化后再和成面团，这样和出来的面团细腻、光滑、柔韧。

2. 掌握好干油酥的冷冻时间，若冻得太硬，要室温解冻后再进行开酥。

3. 开酥时用力要均匀，使酥皮厚薄一致。

4. 擀制时尽量少用干面粉，干面粉用的过多，一方面会导致面坯变硬，另一方面会影响成品层次的清晰度。

5. 海苔条沾少许蛋清即可，缠绕过程中，避免蛋清碰到生坯表面，以防炸制成熟后，表面色泽深浅不一。

● 测评

项目	评分标准	配分	得分
和面	水油面加料顺序正确，面坯细腻、光滑；擦干油酥手法正确；水油面和干油酥软硬一致	20	
开酥	能正确使用走槌，开酥速度快，无破酥、薄厚不匀等情况	20	
切剂	面片表面平整，薄厚符合规格	10	
制皮	熟练使用单手杖，酥皮薄厚符合规格	20	
成形	生坯大小、规格一致，海苔条缠绕整齐	10	
成熟	油温掌握正确，制品上色均匀	10	
成品	形似糖果，层次清晰，无浸油现象	10	
合计		100	

总体评价：_____

_____。

品种二　萝卜酥

萝卜酥是一道精致的明酥类制品，外形似萝卜，经炸制后，制成萝卜形状，层次均匀且清晰，工艺精细独特，属于创新品种。

◆ **成品特点**　形似萝卜，色泽淡黄，口感酥香。

◆ **皮坯原料**　低筋面粉260克，高筋面粉40克，白糖40克，猪油40克，鸡蛋1个，水80克。

◆ **油酥原料**　低筋面粉200克，猪油90克，黄油25克。

◆ **馅心原料**　豆沙馅适量。

◆ **装饰原料**　白芝麻适量。

◆ **制作步骤**

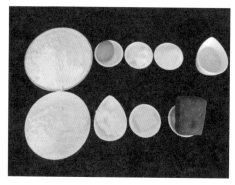

1. 按照原料清单准备好所有原料，黄油提前室温下软化，面粉过筛备用。

2. 水油面和干油酥按制作荷花酥的方法和好，包在一起。

3. 在案板上撒少许干面粉，将包好干油酥的面坯擀成长约 45 厘米、宽约 30 厘米的长方形面片，按制作糖果酥的方法开好酥皮。

4. 将开好的酥皮擀成长约 45 厘米、宽约 30 厘米的长方形面片，去除两边废料，留 42 厘米左右的长度，并均匀地分割成七份，每份宽约 6 厘米、长约 30 厘米。

5. 取一个蛋清打散，将七份面片依次叠压，每叠压一次都刷上一层蛋清。

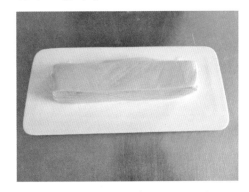

6. 将叠压整齐的面片用直尺稍按压，包上保鲜膜，放入冰箱冷冻 2 小时。

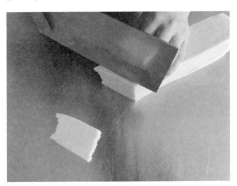

7. 取出冻好的面片，切除废料，斜刀切成厚约 0.3 厘米的条。

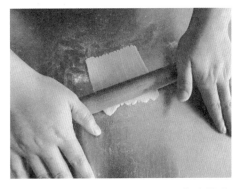

8. 案板上撒少许干面粉，用单手杖将酥条擀成长约 8 厘米、宽约 7 厘米的长方形面片。

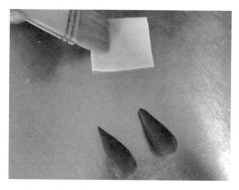

9. 在面片上抹上蛋清，将豆沙馅分成10克一个的剂子，并搓成水滴形。

10. 把豆沙馅放在面片纵纹一侧，将豆沙包裹严密，即成生坯。

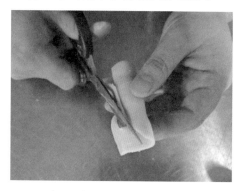

11. 用剪刀剪去边缘废料，用手将生坯捏成水滴形。

12. 在水滴形生坯底部刷上少许蛋清，粘上一层白芝麻。

13. 将生坯整齐地码放在油筛上，油温升至 120 ℃左右下锅，静置一会儿后，逐渐升温至 150 ℃，炸至色泽淡黄。

14. 将炸好的成品放在吸油纸上吸油，然后用竹签在成品大头处扎一个小洞，放进法香或香菜根摆盘装饰即可。

⬡ **技术要领**

1. 调制干油酥宜选用凝固性好、可塑性强、起酥性好的油脂。

2. 擦干油酥时，应用掌根一层层向前推擦。

3. 馅心要搓成水滴形，更方便包制成形。

4. 擀皮时要注意皮坯的纹路规则，包馅前，在皮坯上刷上蛋液，使皮坯与馅心贴合更紧密。

5. 皮坯收口处要用蛋清粘牢并粘上白芝麻，避免炸制时开裂。

6. 生坯入锅后，如边缘冒针眼小泡即为适合油温。

● 测评

项目	评分标准	配分	得分
和面	水油面要求揉出筋膜；干油酥要求擦透、擦匀	20	
开酥	用力适当，无破酥、层次不匀等情况	20	
切剂	剂片表面平整，薄厚符合规格	10	
制皮	皮坯厚度、宽度恰当	20	
成形	生坯的大小、形态、纹路均符合制品要求	10	
成熟	正确掌握炸制时的油温	10	
成品	形似萝卜，层次清晰，呈淡黄色，无浸油现象	10	
合计		100	

总体评价：_____

_____ 。

 品种三　天鹅酥

天鹅酥是一款经典的象形酥皮点心，其造型别致美观，口感酥脆，甜香味美，入口层次丰富。制作时分为"天鹅头""天鹅身体""天鹅翅膀"三部分，最后组合在一起。

◈ **成品特点** 形似天鹅，甜香味美，口感酥脆。

◈ **皮坯原料** 低筋面粉 260 克，高筋面粉 40 克，白糖 40 克，猪油 40 克，鸡蛋 1 个，水 80 克。

◈ **油酥原料** 低筋面粉 200 克，猪油 90 克，黄油 25 克。

◈ **馅心原料** 豆沙馅适量。

◈ **装饰原料** 低筋面粉 100 克，白芝麻适量。

◈ **制作步骤**

1. 按照原料清单准备好所有原料，黄油提前室温下软化，面粉过筛备用。

2. 盆中加水烧沸，将沸水倒入面粉中，揉搓均匀后，再加入适当冷水和成半烫面。

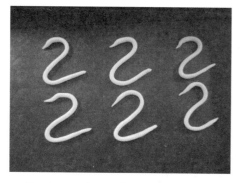

3. 将面团下成 10 克一个的剂子，并搓成细长条，折成"2"的形状，放入烤箱，上、下火 100 ℃烤制 8 分钟，即成"天鹅头"。

4. 按照制作荷花酥的方法调制水油面和干油酥。

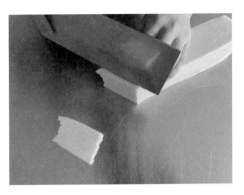

5. 按照制作糖果酥的方法制作酥条，将做好的酥条切除废料，斜刀切成厚约 0.2 厘米的面片。

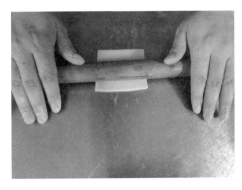

6. 用单手杖在面片上轻擀，将面片擀成边长约为 7 厘米的正方形面片。

7. 在面片上刷上蛋清，横向包入 10 克左右的豆沙馅，并顺势将馅心包裹封严。

8. 收口一端用右手虎口压实，修出"天鹅"身形，即成"天鹅身体"生坯。

9. 在"天鹅身体"生坯底部封口处刷上一层蛋液，粘上白芝麻。

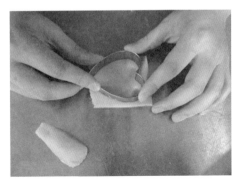

10. 另擀一片酥皮，用心形模具压出心形面片。

11. 用刀将心形面片一分为二，刷上蛋液，粘合在"天鹅身体"生坯的两侧。

12. 油温达到 120 ℃时下入生坯，炸至色泽淡黄，捞出控油。

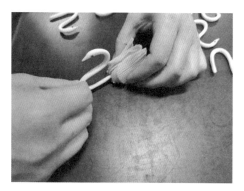

13. 将晾凉的"天鹅头"塞入炸好的"天鹅身体"中，即完成制作。

14. 将做好的天鹅酥摆盘装饰即可，成品层次清晰、酥香可口。

● **技术要领**

1. 选用硬度较大的豆沙馅，以便于生坯的成形操作。

2. 原料中的动物油脂不可替换成植物油，否则易导致起酥性差。

3. 包酥时，干油酥要包在中间。

4. "天鹅翅膀"的尾端不要刷上蛋液，避免炸制时无法散开。

5. 炸制时应保证油质清洁。

6. 成品出锅后及时控油，以防含油量过多，食用腻口且不健康。

● 测评

项目	评分标准	配分	得分
和面	熟练掌握原料投放比例	20	
开酥	皮坯擀制薄厚均匀，开酥方法正确	20	
切剂	下刀利索，剂片薄厚符合规格	10	
制皮	熟练使用单手杖，酥皮薄厚均匀	20	
成形	各部位比例协调恰当	10	
成熟	能灵活掌握油温，根据制品大小控制炸制时间	10	
成品	形似天鹅，层次清晰，不松散、开裂	10	
合计		100	

总体评价：_____

_____。

第三节　圆酥类炸制品种制作

圆酥是先把开好的酥卷成圆筒状，用刀切剂，剂子侧面成圆形的层次，再包制成形，成熟后制品表面层次分明，美观大方。

品种一　眉毛酥

　　眉毛酥是一道传统名点，属于苏式面点。眉毛酥外形纤巧，犹如一道弯弯的秀眉，外层酥纹清晰、绳边完整，酥皮色泽或洁白如雪或淡黄微焦，里面是甜甜的豆沙，入口酥而香脆，且香而不腻。

　　◆ **成品特点**　形似眉毛，层次分明，口感酥香。

　　◆ **皮坯原料**　低筋面粉260克，高筋面粉40克，猪油40克，水90克，绵白糖40克，鸡蛋1个。

　　◆ **油酥原料**　低筋面粉200克，猪油95克，黄油25克。

　　◆ **馅心原料**　豆沙馅适量。

　　◆ **制作步骤**

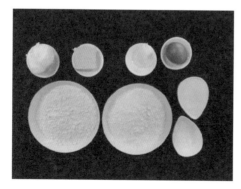

1. 按照原料清单准备好所有原料。

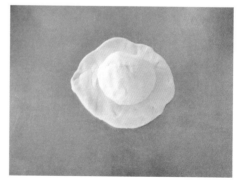

2. 按照制作荷花酥的方法调制水油面和干油酥。

3.用包包子的手法将干油酥包裹在水油面中间。

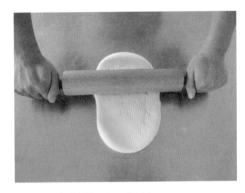

4.再用走槌擀开、擀长。

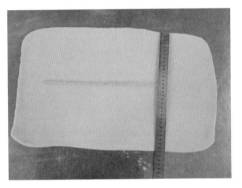

5.将包好干油酥的面坯擀成长约50厘米、宽约30厘米的面片，并确定好中线。

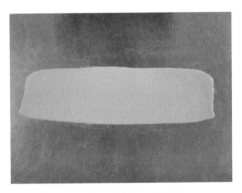

6.沿中线折叠，并将面片擀长。

7.将面片分成三份，先将前1/3部分擀成厚约1毫米的面片。

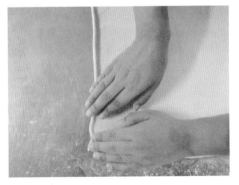

8.将擀好的1/3部分先卷起，再擀中间的1/3部分，边擀边卷。

9. 直到面片全部擀薄，卷起成圆筒状。

10. 将卷好的面片用保鲜膜包裹住一端，从另一端开始用锋利的美工刀切成厚约 1 厘米的剂子。

11. 将剂子擀成厚 1.5 毫米、直径 7 厘米左右的圆皮，刷上蛋清，包入豆沙馅。将圆皮的 1/5 处折叠到里面。

12. 把圆皮边缘部分收口，将收口处用绳股花边捏紧，即成眉毛酥生坯。

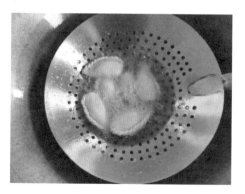

13. 把眉毛酥生坯放入油锅中，先用三成热油温炸制，再将油温升至四成热左右，炸制定形即可出锅。

14. 将眉毛酥成品装盘装饰即可。

◆ 技术要领

1. 水油面要稍软，这样擀制时不易破酥。

2. 包酥时要包严，以免露酥。

3. 开酥时要在案板上撒少许干面粉，以免粘在案板上。

4. 开酥时用力要均匀，以免酥皮层次厚薄不一。

5. 卷酥之前要擀薄，以免层次太厚。

6. 炸制时要控制好油温。

◆ 测评

项目	评分标准	配分	得分
和面	调制水油酥要先将除粉料外的其他原料混合均匀	20	
开酥	没有破酥、露酥现象	20	
制皮	厚 1.5 毫米、直径 7 厘米左右	10	
成形	成品不烂边、不露馅	20	
成熟	油温控制恰当	20	
成品	色泽洁白，大小一致，层次清晰，每个成品重约 25 克	10	
合计		100	

总体评价：_____

_____。

 品种二　韭菜酥盒

韭菜酥盒成品层次清晰，呈圆形，属于圆酥类面点。它所用的原料面粉、猪肉、韭菜都是人们最熟悉的食材。韭菜中含有较多的胡萝卜素及维生素 C、维生素 E，所含的纤维素、挥发油及硫化合物能够降血脂，对高血脂、冠心病患者有益。

⬡ **成品特点** 色泽洁白，纹路清晰，咸香适口。

⬡ **皮坯原料** 低筋面粉 260 克，高筋面粉 40 克，猪油 40 克，水 90 克，绵白糖 40 克，鸡蛋 1 个。

⬡ **油酥原料** 低筋面粉 200 克，猪油 95 克，黄油 25 克。

⬡ **馅心原料** 猪肉馅 200 克，韭菜 100 克，姜末 10 克，食盐 5 克，生抽 5 克，老抽 5 克，鸡精 2 克，油适量，香油适量，胡椒粉适量。

⬡ **制作步骤**

1. 按照原料清单准备好所有原料。

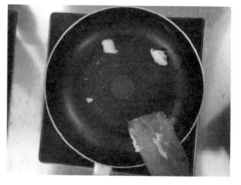

2. 取少许猪油加入锅中烧热，放入姜末炒香。

3. 再加入猪肉馅翻炒断生，放入食盐、老抽、生抽、鸡精和少许胡椒粉调味，出锅晾凉备用。

4. 将拌过香油的韭菜加入放凉的猪肉馅中拌匀，即成韭菜酥盒馅心。

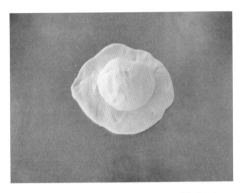

5. 按照制作荷花酥的方法调制水油面和干油酥。

6. 将水油面擀开，把干油酥放在中间，用包包子的手法将干油酥包裹在水油面中。

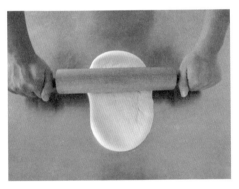

7. 再用走槌擀开、擀长。

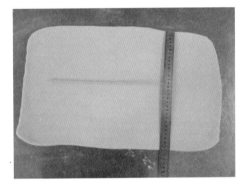

8. 将包好干油酥的面坯擀成长约50厘米、宽约30厘米的面片，并确定好中线。

9. 按照制作眉毛酥的方法制成酥条，用锋利的美工刀切成厚约1厘米的剂子。

10. 将剂子擀成直径6厘米左右的圆皮。

11. 以两个圆皮为一组，在一个圆皮上刷上蛋液，另一个圆皮上放入馅心。

12. 将两个圆皮合拢，用绳股花边封口，即成韭菜酥盒生坯。

13. 将韭菜酥盒生坯放入三成热的油锅中炸制5分钟左右，再升大火炸至浮起即可。

14. 将韭菜酥盒成品装盘，进行装饰即可。

● 技术要领

1. 包酥时要包严，以免露酥。

2. 卷酥时要卷紧，以免炸制过程中酥层开裂。

3. 擀制酥皮时，干面粉一定要少，以免层次之间不粘连，出现破酥现象。

4. 猪肉馅要选择猪油炒制，以使馅心有黏性，便于包捏。

5. 开好的酥条不用时，一定要用湿布或保鲜膜盖上，以免表面风干，导致擀皮时破酥。

● 测评

项目	评分标准	配分	得分
和面	调制水油酥要先将除粉料外的其他原料混合均匀	20	
开酥	酥条厚约 1 厘米	20	
制馅	切好的韭菜要用香油拌匀	10	
制皮	皮圆、大小均匀、薄厚一致	10	
成形	包制时收口捏紧，花边均匀、不露馅	10	
成熟	恰当控制油温，成熟度一致，无阴阳面	20	
成品	色泽洁白，大小一致，层次清晰，每个成品重约 30 克	10	
	合计	100	

总体评价：_____

_____。

第四节　叠酥类炸制品种制作

　　叠酥是指开酥后不卷成圆筒，通过折叠技法使酥皮出现层次的开酥方法。叠酥类制品做工精细，注重细节，造型新颖独特。

品种一　足球酥

足球酥属于创新面点制品，它在面团调制时加入了可可粉，使其在口味、颜色和营养价值上有了新的突破。足球酥的成熟过程对于油温有着较严格的要求，油温过高或过低，制品层次都无法显现，需要操作者具有较高的技术水平。

◆ **成品特点**　造型独特，层次清晰。

◆ **皮坯原料**　水油面团Ａ：低筋面粉250克，可可粉10克，高筋面粉40克，猪油40克，水80克，绵白糖40克，鸡蛋1个。

水油面团Ｂ：低筋面粉260克，高筋面粉40克，猪油40克，水80克，绵白糖40克，鸡蛋1个。

◆ **油酥原料**　油酥面团Ａ：低筋面粉200克，猪油90克，黄油25克。

油酥面团Ｂ：低筋面粉200克，猪油90克，黄油25克。

◆ **馅心原料**　枣泥馅200克。

◆ **制作步骤**

1. 按照原料清单准备好所有原料。

2. 按照制作荷花酥的方法，调制出两块颜色不同的水油面。

3. 干油酥用搓擦的方法和好后，放入
冰箱冷冻 20 分钟。

4. 将水油面擀成油酥面 2 倍大小，把
冷冻好的干油酥包入水油面中，用推
捏的手法将面坯收口。

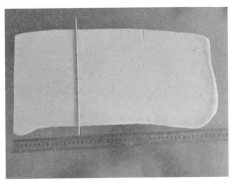

5. 将面坯擀开，分成三等份，然后折
叠。

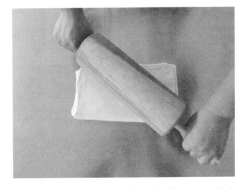

6. 用走槌将折叠后的面坯擀开，再分
成三等份折叠，然后擀成厚约 3 毫米
的面片。

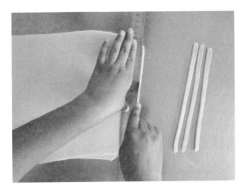

7. 用美工刀将面片切成厚约 1.5 毫米
的长条。另外一块水油面也按此制作。

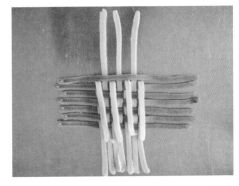

8. 将两种颜色的长条编织成网状花形
皮坯。

9. 把四周多余的面用刮板或美工刀切掉。

10. 在皮坯内侧刷薄薄一层蛋清液，然后放入馅心。

11. 用虎口收紧皮坯收口，切掉多余面皮。

12. 在收口处刷上蛋清液，粘上芝麻即成生坯。

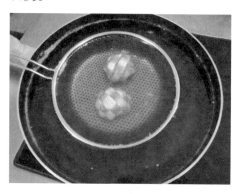

13. 将生坯放入 130 ℃的油中炸制成熟即可。

14. 将足球酥装盘装饰即可。

● 技术要领

1. 水油面和干油酥软硬度要一致，否则容易破酥。

2. 开酥时用力要均匀，以免层次厚薄不一。

3. 皮馅比例要适当，以免馅心过大，导致露馅。

4.在编制皮坯时，条间距要稍小，以免成品露馅。

5.炸制时要控制好油温。

◆ 测评

项目	评分标准	配分	得分
和面	水油面软硬适度，松弛适度	20	
开酥	包酥、开酥、折叠方法正确	20	
制皮	每个条宽约3毫米、厚约1.5毫米，编制成长约7厘米、宽约7厘米的面皮	10	
成形	编织紧密，不露馅	20	
成熟	灵活控制炸制温度，不破皮，不露馅	20	
成品	黑白分明，色泽美观，大小一致，层次清晰，每个成品重约30克，其中皮坯约20克、馅心约10克	10	
合计		100	

总体评价：_____

_____。

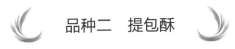

品种二　提包酥

提包酥属于创新面点，可以包入各种甜味馅心，制成各种口味，入油锅中炸制即成。提包酥造型新颖独特，深受年轻人的喜爱。

◆ **成品特点**　形似提包，做法精细，层次清晰。

◆ **皮坯原料**　低筋面粉260克，高筋面粉40克，猪油40克，水80克，绵白糖40克，鸡蛋1个。

◈ **油酥原料** 低筋面粉200克，猪油90克，黄油25克。

◈ **馅心原料** 枣泥馅适量。

◈ **装饰原料** 黑巧克力。

◈ **制作步骤**

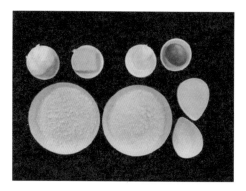

1. 按照原料清单准备好所有原料。

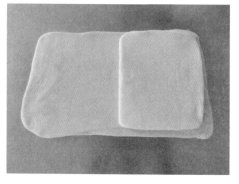

2. 按照制作荷花酥的方法调制水油面和干油酥，将干油酥包入水油面中，用推捏的手法将面坯收口。

3. 用走槌将面坯擀开，呈长方形。

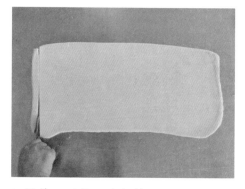

4. 用美工刀将一头切掉。

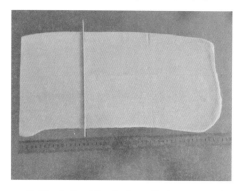

5. 将擀开的面坯分成三等份，然后折叠。

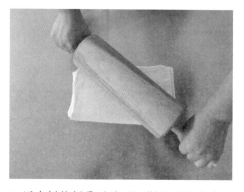

6. 用走槌将折叠后的面坯擀开后再分成三等份折叠，然后擀成厚约3毫米的面片。

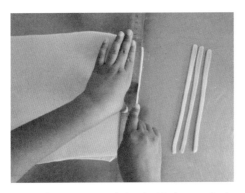

7. 用美工刀将面片切成厚约 1.5 毫米的条。

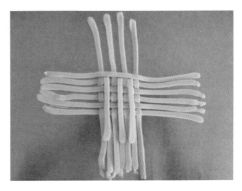

8. 再将长条编织成网状花形皮坯。

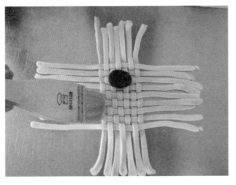

9. 在编制好的皮坯表面刷薄薄一层蛋清液，然后放上馅心。

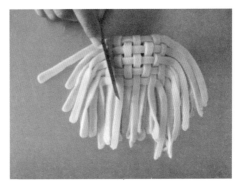

10. 皮坯四周用手指稍压后，用美工刀将多余面切掉。

11. 将收口处抹上蛋清液。

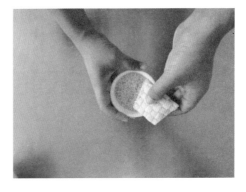

12. 再粘上芝麻封口，即成生坯。

13.将生坯放入 140 ℃左右的油中炸制成熟即可。

14.将提包酥成品装上用黑巧克力制作的"手提把",装盘装饰即可。

◆ 技术要领

1.水油面和干油酥软硬度要一致,否则容易破酥。

2.包酥时要包严,以免露酥。

3.叠酥时要将美工刀切下的一边折在最里面。

4.开酥时要在案板上撒少许干面粉,以免粘在案板上。

5.开酥时用力要均匀,以免层次厚薄不一。

6.炸制时要控制好油温。

◆ 测评

项目	评分标准	配分	得分
和面	调制水油面要先将除粉料外的其他原料混合均匀	20	
开酥	没有破酥、露酥现象	20	
制皮	每个条宽约 3 毫米、厚约 1.5 毫米	10	
成形	编织紧密,不露馅	20	
成熟	炸制时要用 140 ℃的油温	20	
成品	色泽洁白,大小一致,层次清晰,每个成品重约 30 克	10	
合计		100	

总体评价:_____

品种三 兰花酥

兰花酥是中华传统名点之一，经常出现在各种宴席之中。现代制作的兰花酥，形态都经过加工和改良，造型别致优美、惟妙惟肖，搭配上砂糖或者果酱，别有一番风味。

- ⬡ **成品特点** 形似兰花，惟妙惟肖，清香宜人。

- ⬡ **皮坯原料** 低筋面粉 260 克，高筋面粉 40 克，黄油 60 克，水 150 克。

- ⬡ **油酥原料** 低筋面粉 200 克，黄油 100 克。

- ⬡ **制作步骤**

1. 按照原料清单准备好所有原料，黄油室温下软化，将高筋面粉与低筋面粉混合。

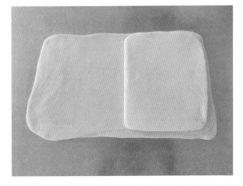

2. 按照制作荷花酥的方法调制水油面和干油酥，将干油酥包入水油面中，用推捏的手法将面坯收口。

3. 用走槌轻轻将面坯擀开，擀制过程中勤撒干面粉、勤翻面，擀成厚约 5 毫米、长约 50 厘米、宽约 30 厘米的面片。

4. 刷去面片表面余粉，在表面喷上薄薄一层水。将面片在 1/3 处对折，用手压平。

5. 将另外的一边折叠，用手压实，盖上湿布饧制 8 分钟左右。

6. 用走槌将饧制好的面团擀开，重复"步骤 5"后，再次擀成厚约 5 毫米、长约 50 厘米、宽约 40 厘米的面片。

7. 用美工刀修边后，分出宽度约 6 厘米的长条。

8. 将长条每隔 6 厘米用牙签压出一个记号。

9. 按记号将长条切成边长为 6 厘米的正方形。

10. 按图所示，将正方形的三个角对半切开，最后一个角在两边划上一刀。

11. 按图所示进行折叠。两个对角先对折，剩下两个角前后交叠，最后将四边形对折。

12. 用牙签将重合部分固定住，即成生坯。

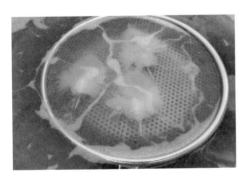

13. 锅内加油烧至 120 ℃左右，下入生坯，炸至酥层清晰显露后，将油温升高至 150 ℃左右。

14. 炸至酥层明显、色泽洁白后，出锅沥油，将成品进行装饰装盘，即完成兰花酥的制作。

◈ 技术要领

1. 酥皮与酥心比例适当，酥皮比例大，口感硬实，质地不疏松；酥心比例大，擀制困难，容易破酥，成熟时易碎。

2. 擀制时要用力均匀，起酥时酥皮要平整规则，四周与中间薄厚一致，否则酥层不均匀。

3. 切割时，注意中心部位不能割破，否则折叠时会断裂。

4. 折叠时，每个折叠的角要重叠或者前后交错在一起。

5. 折叠完成后要用牙签贯穿，保证牙签插在重合处，以起到固定作用，防止炸制时散掉。

◈ 测评

项目	评分标准	配分	得分
和面	水油面投料顺序正确，干油酥采用堆叠的技法	20	
开酥	折叠时操作规范，薄厚均匀一致，无破酥	20	
切剂	剂子尺寸符合要求，切口整齐	10	
制皮	操作规范，按要求切割	10	
成形	生坯大小、规格一致，操作规范	20	
成熟	正确掌握油温，灵活控制火候	10	
成品	层次清晰，颜色洁白，无浸油现象	10	
合计		100	

总体评价：_____

_____。

第四章

米制品炸制面点制作

学习目标

1. 能独立完成米粉面团的调制。

2. 能灵活运用不同水温调制面团，发现并解决面团调制过程中出现的问题。

3. 能在教师指导下区分生粉团、熟粉团制品。

4. 能根据情况适量添加澄面调节面团的筋性、弹性。

5. 能根据不同品种灵活掌握炸制时间，判断制品成熟度。

　　米粉面团特指用米粉和水混合制成的面团。根据面团的性质不同，米粉面团可分为糕类粉团、团类粉团和发酵类粉团。糕类粉团分为松质糕和黏质糕，松质糕先成形后成熟，多孔，无弹性、韧性，可塑性差，口感松软，成品大多有甜味；黏质糕先成熟后成形，黏、韧、软、糯，成品多为甜味。团类粉团有一定的可塑性和韧性，可包多汁的馅心，口感润滑、黏糯。发酵类粉团体积稍大，有细小的蜂窝，黏软适口。一般黏质糕和团类粉团常用炸的烹调方法成熟。

第一节　无馅类米制品炸制品种制作

　　无馅类米制品炸制品种是指将和好的糯米粉团直接成形，不包入馅心，使用炸的成熟方法制作的一类色泽金黄、外皮酥脆的面点品种。

品种一　大金果

　　金果是一道传统小吃，明清时期开始流行于江南一带，属于节日食品。金果在湖北荆州又被称为糯米饺，是以糯米粉为主料，经油炸制作而成，色泽金黄，口感外酥内软。金果根据做法不同可分为大金果和小金果，大金果造型饱满、色泽光润、酥软香甜，小金果笔直细长、各个空心、香脆可口。

◆ **成品特点**　造型饱满，色泽光润，酥软香甜。

◆ **皮坯原料**　糯米粉 500 克，低筋面粉 100 克，麦芽糖 100 克。

◆ **装饰原料**　绵白糖适量。

◆ **制作步骤**

1. 按照原料清单准备好所有原料，糯米粉选用水磨糯米粉。

2. 取 2/5 的糯米粉倒入盆中，加适量水搅拌成糊状。

3.隔水加热煮成稠糊状，趁热加入剩余糯米粉。

4.用手翻拌至没有干粉颗粒，摊开晾凉。

5.稍凉后再加入低筋面粉和麦芽糖，采用搓擦的方法和成粉团。

6.揉成光滑细腻的粉团后，盖上干净的湿布饧制10分钟。

7.案板上撒少许干面粉，将饧好的粉团擀成厚约1.5厘米的面片。

8.将面片先切成宽约4厘米的长条，再切成宽约1.5厘米的小粗条，即成生坯。

9. 将生坯放在面筛中来回晃动，筛去干面粉。

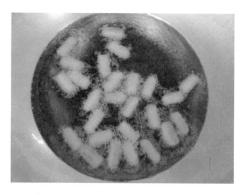

10. 油温 160 ℃，下入生坯，用勺子不断推动，使其受热均匀，炸至棕黄色捞出控油。

11. 锅内加 50 克水、60 克麦芽糖、50 克绵白糖小火熬制，挑起形成一条流动的直线即可关火，将炸好的金果倒入锅中，快速翻拌均匀。

12. 盛出装盘后裹上一层白糖，冷却后再撒一次白糖，防止成品相互粘连。

🔶 技术要领

1. 糯米粉先加冷水调成糊状，再隔水加热。

2. 麦芽糖要隔水融化，这样更容易加到粉团中拌匀。

3. 生坯要放在面筛中筛去干面粉，还可以使切口滚圆。

4. 炸制时，生坯一次不宜放太多，否则会黏结成团。

5. 熬制糖浆时要注意火候，以能形成一条流动的直线为最佳。

◆ 测评

项目	评分标准	配分	得分
调制糯米粉团	面团软硬适中，有一定黏性	20	
饧制	饧制 10 分钟，米粉颗粒充分吸水，表面光洁，无干皮	15	
切条	擀成约 1.5 厘米厚的面片，切成约 4 厘米宽的长条	10	
切块	切成约 1.5 厘米宽的小粗条	5	
筛干粉	切好的生坯放入面筛中来回滚动，筛去干面粉	10	
炸制	油温五成热下锅，炸至棕黄色捞出，不焦糊	15	
熬糖浆	小火慢熬，熬至形成一条流动的直线即可	15	
成品	色泽棕黄，不焦糊，无油浸，不爆裂	10	
合计		100	

总体评价：＿＿＿＿＿＿＿＿＿＿＿＿＿＿＿＿＿＿＿＿＿＿＿＿＿＿＿＿＿＿＿＿

＿＿＿＿＿＿＿＿＿＿＿＿＿＿＿＿＿＿＿＿＿＿＿＿＿＿＿＿＿＿＿＿＿＿＿。

品种二　江米条

江米条是一道地方特色小吃，深受大众喜爱。它是用糯米面加白糖，擀成片状、切成长条，最后粘上芝麻炸制而成的。

◆ **成品特点**　色泽金黄，酥香甜脆。

◆ **皮坯原料**　水磨糯米粉 750 克，白糖 225 克，水 450 克，白芝麻适量，调和

油适量。

◆ **制作步骤**

1. 按照原料清单准备好所有原料，白芝麻选择脱皮白芝麻。

2. 取 250 克糯米粉过筛后，加入白糖混合均匀。

3. 将 450 克水烧开后倒入糯米粉中，搅拌成糊状。

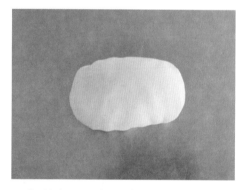

4. 将剩余 500 克糯米粉分多次加入米糊中搅拌，再放在案板上揉成面团，揉至面团微粘案板即可。

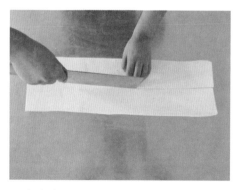

5. 在案板上稍撒干面粉，将和好的面团分为 4 份，分别擀成宽约 6 厘米、厚约 2 毫米的长面片。

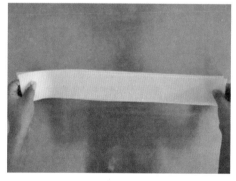

6. 在一条面片上撒上薄薄的干面粉，将另一条面片摞在上面。

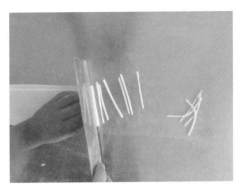

7. 将面片切成长约6厘米、宽约2毫米的条。

8. 将切好的条迅速过水。

9. 再把过水后的条迅速放在芝麻中拌匀，使其均匀地裹上芝麻，即成生坯。

10. 把多余的芝麻抖掉，生坯放在盘中备用。

11. 将生坯放入120℃的油温中炸至微黄，捞出即可。

12. 将江米条成品进行装盘，完成制作。

◆ 技术要领

1. 要用开水烫面，水温过低会影响成品的成形和口感。

2. 面团和好后要马上成形，以免表皮风干，影响成形。

3. 面坯切成条过水后，要马上拌入芝麻中，以免相互粘连。

4. 炸制时油温不能过高，以免口感发苦。

◆ 测评

项目	评分标准	配分	得分
和面	面团软硬适度，有一定的黏性	20	
制皮	薄厚均匀，操作利落	20	
成形	生坯要粗细均匀、长短一致，无粘连、无断条，芝麻包裹均匀	20	
成熟	炸制油温控制在四成热	20	
成品	口感酥脆，不粘牙，麻香浓郁，色泽金黄	20	
合计		100	

总体评价：_____

_____。

第二节　有馅类米制品炸制品种制作

　　有馅类米制品炸制品种是指在和好的糯米粉团中包入甜味或咸味馅心，使用炸的成熟方法制作的一类面点品种。此类品种要求粉团有一定的黏性、延展性，能够包裹馅心，不破皮、不露馅。馅心多选用泥蓉馅或者黏性大的原料，方便包制成形和成熟。

品种一　香麻炸软枣

香麻炸软枣是广东地区的传统小吃，色泽金黄，形如大枣，外皮酥脆，内里软糯，馅心细甜爽口，别有风味。面皮主要由糯米粉和澄粉组成，糯米面团软糯，澄粉面团能够降低黏性、提升口感，成品口味更加饱满。

◆ **成品特点**　麻香浓郁，甜软带韧。

◆ **皮坯原料**　糯米粉500克，猪油125克，白糖120克，臭粉1克，澄粉365克，生粉110克，栗粉25克，盐5克。

◆ **馅心原料**　莲蓉馅300克。

◆ **装饰原料**　白芝麻200克。

◆ **制作步骤**

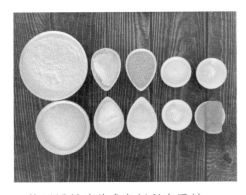

1. 按照原料清单准备好所有原料。

2. 将澄粉与栗粉、生粉、盐混合均匀。

3.加入沸水快速搅拌，将粉料烫熟。

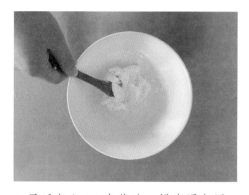

4.最后加入 25 克猪油，揉光滑备用。

5.将糯米粉、白糖、臭粉、猪油放入盆中，将 1/10 的米粉用开水烫熟。

6.剩余的米粉加凉水和成团备用。

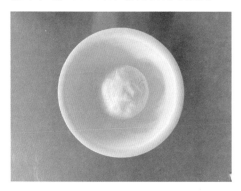

7.将和好的澄粉面团和糯米粉面团混合在一起，揉匀、揉光滑后饧制备用。

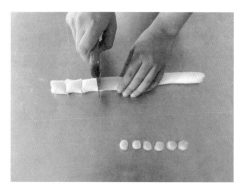

8.将饧好的面团揉成长条、切成小剂，每个剂子约 20 克。将莲蓉馅揉成球形，每个馅重约 12 克。

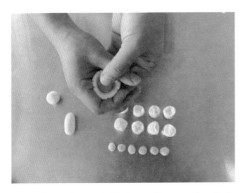

9. 将剂子按一小坑包入馅心，捏成枣形，即成生坯。

10. 将生坯沾少许水后均匀地粘上一层芝麻。

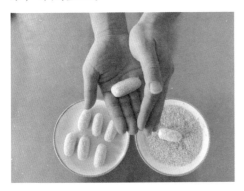

11. 将粘上芝麻的生坯再次修形。

12. 锅内加油烧至 150 ~ 160 ℃下入生坯，炸至色泽金黄即可出锅。

⬡ **技术要领**

1. 粉团软硬适中，太软成品易塌，太硬易掉芝麻。

2. 生坯做好后要过水后再粘芝麻，否则芝麻粘不牢固。

3. 炸制时油温要适宜，油温高制品易爆易煳、外焦内生，油温低制品容易变形、开裂。

4. 调制糯米粉面团时，热水不能太多，否则粉团发黏，不利于成形。

⬡ **测评**

项目	评分标准	配分	得分
和面	烫面时要烫熟，不能夹生。糯米粉面团和澄粉面团比例适当	20	
揉面	澄粉面团和糯米粉面团混合均匀、揉透，表面光洁	10	
下剂	剂子大小、规格一致，每个约 20 克	10	

续表

项目	评分标准	配分	得分
制馅	馅心每个约 12 克，搓成小球	10	
成形	包制均匀，形如红枣，饱满圆润，芝麻均匀包裹在生坯上	20	
成熟	油温适当，膨胀适度	20	
成品	表面金黄，色泽均匀，不鼓泡，不炸裂	10	
合计		100	

总体评价：＿＿＿＿＿＿＿＿＿＿＿＿＿＿＿＿＿＿＿＿＿＿＿＿

＿＿＿＿＿＿＿＿＿＿＿＿＿＿＿＿＿＿＿＿＿＿＿＿＿＿＿＿＿＿＿。

 品种二 耳朵眼炸糕

耳朵眼炸糕是天津特产，始创于清朝光绪年间，旧时因店铺紧靠耳朵眼胡同而得名。耳朵眼炸糕用糯米做皮面，将红小豆、赤白砂糖炒制成馅，以香油炸制而成。成品外形呈扁球状，淡金黄色，馅心黑红细腻。

● **成品特点** 外皮酥脆不艮，内里柔软黏糯。

● **皮坯原料** 糯米粉 250 克，酵母 5 克。

● **馅心原料** 豆沙馅 100 克。

● **制作步骤**

1. 按照原料清单准备好所有原料。

2. 将糯米粉过筛后放入碗中，中间加入酵母。

3. 先倒入少量的温水将酵母活化，再加入大量的水，将糯米粉与水抄拌成团。

4. 最后再加入少量的水，揉成光滑的面团。

5. 将和好的面团放在干净的碗中，封上保鲜膜，放醒发箱醒发半个小时。

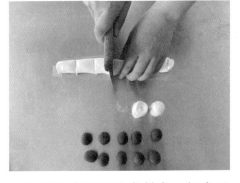

6. 将醒好的面团取出搓条，切成30克一个的剂子，再将豆沙馅下成25克一个的馅心。

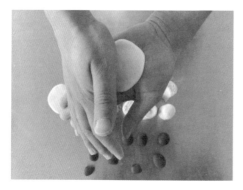

7.将剂子在手掌中按扁，按成中间稍厚、边缘稍薄的圆皮。

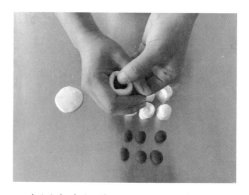

8.在圆皮中间放入馅心，用虎口将圆皮收拢，包住馅心，交口收严后再按扁，即成生坯。

9.将生坯放入四成热的油锅中，小火炸至表面起泡。

10.再高油温炸至色泽金黄捞出，将炸好的炸糕控油后装盘即可。

● **技术要领**

1.和面时水量适当，面团不黏、不散。

2.和面时宜用温水，以保证面团的发酵速度。

3.面团醒发时间不宜过长，醒好的面团不宜反复揉搓。

4.皮馅比例适当，包制时不破皮、不露馅。

5.炸制时要控制好火候，火候不宜过猛，否则会出现夹生现象。

● **测评**

项目	评分标准	配分	得分
和面	水温准确，控制在 35 ℃左右	20	
搓条	搓好的条粗细均匀、表面光洁	10	
下剂	剂子大小、规格一致，每个约 30 克	10	

续表

项目	评分标准	配分	得分
制皮	皮的大小、薄厚一致，直径约7厘米	10	
制馅	每个馅心约重25克	20	
成形	生坯成扁圆形，不破皮、不露馅，薄厚均匀	10	
成熟	灵活控制油温，上色均匀、不夹生	10	
成品	色泽金黄，不黑、不糊、不爆	10	
合计		100	

总体评价：＿＿＿＿＿＿＿＿＿＿＿＿＿＿＿＿＿＿＿＿＿＿＿＿＿＿＿＿＿＿＿＿＿

＿＿＿＿＿＿＿＿＿＿＿＿＿＿＿＿＿＿＿＿＿＿＿＿＿＿＿＿＿＿＿＿＿＿＿＿＿。

品种三　酥皮炸麻团

麻团又称芝麻球，是一种传统的特色油炸面食。麻团以糯米粉为主，包制豆沙馅或其他泥蓉馅，表面沾裹上芝麻炸制而成。

● **成品特点**　外酥内糯，麻香浓郁。

● **皮坯原料**　糯米粉250克，澄粉100克，白糖100克，猪油100克，泡打粉3克。

● **馅心原料**　豆沙馅150克。

● **装饰原料**　芝麻300克。

◆ **制作步骤**

1. 按照原料清单准备好所有原料，糯米粉选用水磨糯米粉。

2. 将糯米粉与泡打粉拌匀放入盆内，中间加入白糖，加入 50 克沸水浇到白糖上，用馅挑搅拌均匀。

3. 再加入约 100 克冷水继续搅拌至没有干粉颗粒后，揉成光滑细腻的粉团，盖上干净的湿布饧制 10 分钟。

4. 澄粉放入不锈钢盆内，一次性加入沸水迅速搅拌均匀，并倒扣在案板上，焖制 5 分钟。

5. 将澄粉趁热搓成光滑细腻的澄粉团。

6. 将糯米粉团、澄粉团和猪油混合，揉成光滑细腻的粉团，盖上干净的湿布饧制 15 分钟。

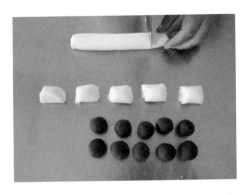

7. 将饧好的粉团搓成宽约 2.5 厘米的长条，下成 20 克左右一个的剂子并揉圆。豆沙馅下成 10 克左右一个的剂子并揉圆。

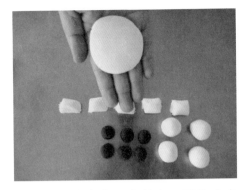

8. 将粉团放在掌心中揉匀，再按成直径约为 5 厘米的圆皮。

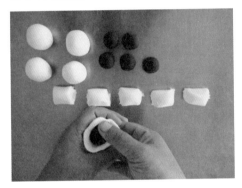

9. 将豆沙馅放入圆皮正中间，用左手虎口将圆皮四周向上收拢，右手拇指将馅心轻轻向下按压。

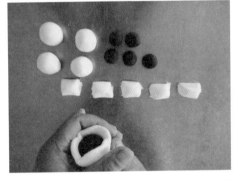

10. 右手轻轻捏住皮坯下端，向顺时针方向不断转动，左手虎口收拢交口成圆球状，即成生坯。

11. 准备一碗清水，将包好馅心的生坯放入水中后迅速捞出，再放入芝麻中。

12. 将生坯表面沾满芝麻，放入掌心轻轻揉搓，使芝麻粘牢，并搓掉多余芝麻。

13. 将生坯放入不锈钢漏勺中，锅内加油烧至三成热下入生坯，生坯四周冒针眼状小泡时，油温比较合适。

14. 温油浸炸 3 分钟左右，生坯慢慢浮起，然后迅速升高油温。

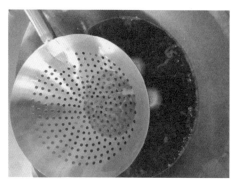

15. 同时用漏勺不停按压生坯表面，使其体积迅速膨大。

16. 麻团表面定形后，用漏勺上下翻动，使其表面颜色一致，炸至色泽金黄时出锅即可。

🔶 **技术要领**

1. 调制面团时，热水与冷水的比例适当，热水过少，面团松散、不易成形。

2. 糯米粉与澄粉的比例适当，澄粉过少，成品容易坍塌变形。

3. 馅心要包正，否则容易爆裂。

4. 生坯过水后再粘芝麻，这样芝麻不易掉落。

5. 成熟时应温油浸炸，否则容易爆裂。

6. 生坯浮起后应快速升高油温，否则成品表面有裂口。

7. 生坯浮起后要用漏勺不停按压，否则成品膨胀效果不好。

◆ 测评

项目	评分标准	配分	得分
和面	控制好水与粉的比例，面团表面光洁、软硬适中	20	
搓条	不松散、不断裂	5	
下剂	剂子大小一致，摆放整齐	5	
制皮	面皮直径约 5 厘米	10	
制馅	豆沙馅大小均匀，揉制圆润光滑	10	
成形	采用包拢法成形，生坯表面无裂口、无缝隙，芝麻均匀粘在生坯表面，无多余芝麻，表面干爽	10	
成熟	温油浸炸，生坯浮起后迅速升高油温	30	
成品	色泽金黄，无阴阳面，无浸油，无裂纹，不爆裂	10	
合计		100	

总体评价：_____

_____。

 品种四 安虾咸水角

　　安虾咸水角是广东地区常见的茶点，当地把形状类似于半月形的小吃叫作"角"。安虾咸水角做法讲究、味道鲜美，在面团调制时掺入了一定比例的澄粉，既增加了成品的口感，又保证了成品的外形；馅料有猪肉馅、韭菜、虾米、香菇、冬笋、胡萝卜等。

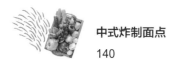

● **成品特点**　外皮甜酥，馅料咸香。

● **皮坯原料**　糯米粉 250 克，澄粉 60 克，臭粉 1 克，白糖 75 克，猪油 125 克。

● **馅心原料**　猪肉馅 250 克，虾米 50 克，韭菜 20 克，马蹄粒 50 克，香菇 20 克，胡萝卜 20 克，盐 5 克，白糖 15 克，味精 8 克，胡椒粉 2 克，生抽 8 克，五香粉 3 克，料酒 15 克，马蹄粉 30 克。

● **制作步骤**

1. 按照原料清单准备好所有原料，糯米粉选用水磨糯米粉。

2. 将糯米粉与臭粉拌匀放入盆内，中间加入白糖，将 50 克沸水浇到白糖上，用馅挑搅拌均匀。

3. 加入约 100 克冷水继续搅拌至没有干粉颗粒后，揉成光滑细腻的粉团，盖上干净的湿布饧制 10 分钟。

4. 澄粉放入不锈钢盆中，一次性加入沸水迅速搅拌均匀，并倒扣在案板上，焖制 5 分钟。趁热将澄粉搓擦成均匀细腻的面团。

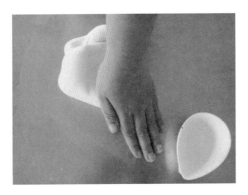

5. 将糯米粉团、澄粉团和猪油混合，揉成光滑细腻的粉团，盖上干净的湿布饧制 15 分钟。

6. 马蹄粉加水搅拌成稀糊待用，肉馅放入碗内加入马蹄粉糊拌匀，胡萝卜洗净切成小粒，香菇洗净切成小粒，虾米洗净剁细，韭菜洗净切碎。

7. 锅内加油烧至四成热，下入肉馅炒散，加入料酒炒出香味起锅。

8. 锅洗净烧热，加少许油下入虾米炒香，再下入肉馅、香菇、胡萝卜、马蹄及所有调料炒匀，最后用马蹄粉勾芡出锅，稍凉后加韭菜拌匀，即成馅心。

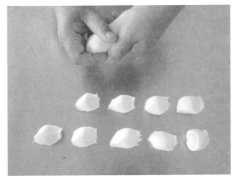

9. 将饧好的米粉团搓成宽约 2.5 厘米的长条，下成 15 克左右一个的剂子。

10. 将剂子放在掌心揉圆，按成中间厚、四周薄的圆皮，包入约 10 克馅心，对折、捏紧，即成半月形生坯。

11. 锅内加油烧至五成热，下入生坯。

12. 炸至外形鼓起、色泽浅黄，即可出锅装盘。

● **技术要领**

1. 调制面团时，热水与冷水的比例要适当，热水过少，面团松散、不易成形。

2. 糯米粉与澄粉的比例适当，澄粉过少，成品容易变形。

3. 马蹄、胡萝卜、香菇切成绿豆粒大小，否则松散、不易包制。

4. 肉馅先加入马蹄粉上浆后再进行炒制，以保证肉馅细嫩。

5. 馅心晾凉后再放入韭菜。

6. 炸制时，油温五成热下入生坯。

● **测评**

项目	评分标准	配分	得分
和面	调制糯米粉团时热水与冷水比例适当。调制澄粉面团时沸水一次性加入，沸水与澄粉的比例为1：1	20	
搓条	用力要轻，粉条不松散、不断裂	5	
下剂	用手揪剂，大小一致，摆放整齐	5	
制皮	按法制皮，四周薄、中间厚	10	
制馅	刀工熟练，切成绿豆粒大小。肉馅上浆，稀稠适度	20	
成形	包捏法成形，半月形，交口整齐划一	10	

项目	评分标准	配分	得分
成熟	油温五成热下锅，炸至浅黄色出锅	20	
成品	外形饱满，大小均匀	10	
合计		100	

总体评价：_____

_____。

第五章

蔬果杂粮及其他类炸制面点制作

学习目标

1. 能独立完成杂粮面团、果蔬类面团和其他面团的调制。
2. 能灵活运用不同杂粮及果蔬的性质完成制品的制作。
3. 能在教师指导下说出不同面团的调制要点。
4. 能熟练应用蒸、煮、炸等方法对原料进行初加工。
5. 能根据不同品种，灵活搭配馅心及装饰材料。

　　杂粮面团是指以稻谷、小麦以外的粮食作物为主要原料，添加辅助原料调制而成的面团。蔬果面团是指以淀粉较多的根茎蔬菜和水果为主要原料，掺入适当的淀粉类物质和其他辅料，经特殊加工制成的面团。其他类面团是指用奶及奶类制品、豆类制品等原料制成的面团。此类面点制品选料丰富、做法讲究，多为各地特色民间小吃。

　　这类面点制品所用的原料除富含淀粉和蛋白质外，还含有丰富的维生素、矿物质及一些微量元素，因此营养素含量比面粉、米粉类面团的含量更为丰富，营养价值更高。由于一些杂粮、蔬果会受季节的影响，所以这类面团制品受季节影响也较大，具有一定的时令性。

第一节　谷薯类杂粮炸制品种制作

　　谷薯类杂粮制品是指用除稻谷、小麦以外的粮食，如小米、红薯、土豆等谷薯类杂粮制成的面点制品。谷薯类杂粮面团在调制时需根据其原料本身的特性灵活掺粉，合理控制面团的黏性和软硬度，同时还要兼顾其独特风味。

品种一　火腿土豆饼

　　火腿土豆饼为传统的四川风味面点，虽制作简单，但味道鲜美，极具特色。火腿土豆饼选用优质黏质土豆蒸熟碾制成泥制作皮坯，包上咸味馅心，裹上面包糠炸制而成，成品色泽金黄，外焦脆、内绵软，咸鲜味美。

◈ **成品特点**　外焦脆、内绵软，咸香味美。

◈ **皮坯原料**　土豆 300 克，盐 2 克，花椒粉 1 克。

◈ **馅心原料**　猪肉馅 150 克，火腿 50 克，葱花 20 克，猪油 30 克，盐 3 克，味精 2 克，鸡精 2 克，料酒 5 克，生抽 20 克，花椒粉 1 克，胡椒粉 2 克。

◈ **装饰原料**　鸡蛋 1 个，面包糠 300 克。

◈ **制作步骤**

1. 按照原料清单准备好所有原料。

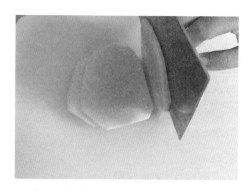

2. 土豆洗净去皮，切成厚片，放入清水中洗净。

3. 将土豆片放入蒸箱中蒸制 15 分钟。

4. 将蒸熟的土豆趁热用刀碾成土豆泥，要求细腻光滑、有黏性。

5. 将盐和花椒粉放入土豆泥中拌匀。如果土豆泥黏性不好，可以加少量的糯米粉或面粉。

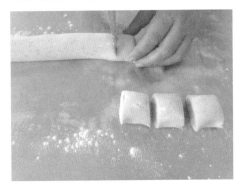

6. 案板上撒少许干面粉，将土豆泥搓成宽约 3 厘米的长条，用刀切成 20 克左右一个的剂子。

7. 火腿切成小颗粒，锅内加猪油烧至四成热下入葱花炒香，再下入肉馅加少许料酒炒散，加入火腿粒和其余调料炒拌均匀，即成馅心。

8. 将土豆泥剂子放入手中揉圆、按扁，中间包入馅心，收口捏紧，揉成圆球形状，即成生坯。

9.鸡蛋打入碗内搅匀,将生坯沾满蛋液再放入面包糠中,使之均匀地裹沾上面包糠,再用手掌按成饼形。

10.锅内加油烧至五成热,下入生坯,炸至生坯浮起、色泽金黄捞出,控油装盘即可完成制作。

◆ 技术要领

1.土豆宜选用黏质土豆。

2.炒制馅心时宜选用猪油,这样馅心不松散,便于包制。

3.成形时,要求只按中间、不按四周。

4.炸制时油温不宜过低,否则会出现油浸现象。

◆ 测评

项目	评分标准	配分	得分
和面	土豆蒸熟、蒸透,趁热碾成泥,土豆泥细腻光滑,无颗粒感	10	
制馅	有一定黏性,口味咸淡适中	20	
搓条	用力要轻,条不松散、不开裂,粗细均匀	10	
制皮	按法制皮	10	
成形	馅心包正,按成饼后不露馅心	20	
成熟	油温五成热下入生坯	20	
成品	色泽金黄,不焦煳,无油浸	10	
合计		100	

总体评价:＿＿＿＿＿＿＿＿＿＿＿＿＿＿＿＿＿＿＿＿＿＿＿＿＿

＿＿＿＿＿＿＿＿＿＿＿＿＿＿＿＿＿＿＿＿＿＿＿＿＿＿＿＿＿＿。

品种二　象形雪梨

象形雪梨为传统广东风味面点，属于仿植物造型面点品种，造型美观，色泽金黄，为了便于造型和增加制品黏糯的口感，制作时在土豆泥中加入了水磨糯米粉，再配上熟荤、素馅心，虽制作简单，但工艺讲究、营养丰富。

⬡ **成品特点**　造型美观，咸鲜味美。

⬡ **皮坯原料**　土豆 300 克，糯米粉 100 克。

⬡ **馅心原料**　猪肉馅 150 克，火腿 50 克，香菇 30 克，葱花 20 克，猪油 30 克，盐 3 克，味精 2 克，料酒 5 克，生抽 20 克，花椒粉 1 克，胡椒粉 2 克。

⬡ **装饰原料**　鸡蛋 1 个，面包糠 300 克。

⬡ **制作步骤**

1. 按照原料清单准备好所有原料。土豆洗净，香菇去掉菌柄洗净。

2. 按照制作火腿土豆饼的方法制作土豆泥，在碾好的土豆泥中掺入糯米粉搅拌均匀。

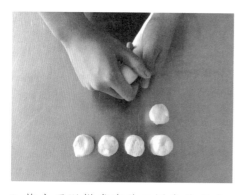

3. 将土豆泥搓成宽约 3 厘米的长条，用手揪成 20 克左右一个的剂子。火腿用刀切成薄片，再切成宽约 0.3 厘米的条，最后切成小粒，香菇切成同等大小的粒。

4. 锅内加猪油烧至四成热，下入葱花炒香，再下入肉馅加少许料酒炒散，加入火腿粒、香菇粒和其余调料炒拌均匀，即成馅心。

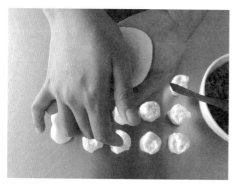

5. 将土豆泥剂子放入手掌中揉圆、按扁，中间包入馅心，即成生坯。

6. 用右手虎口将收口捏紧，左手转动生坯，将生坯修整成上部细尖、下部圆润的雪梨形状。

7. 鸡蛋打入碗内搅匀，将生坯放入，使其沾满蛋液。

8. 再将生坯放入面包糠中，使之均匀地裹沾上面包糠。

9. 锅内加油烧至五成热下入生坯，炸至生坯浮起、色泽金黄捞出，放入铺有吸油纸的盘子中控油。

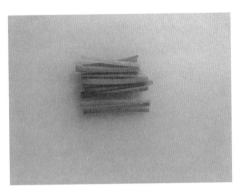

10. 将胡萝卜切成长约 5 厘米、宽度和厚度约为 0.3 厘米的长条。

11. 将胡萝卜条放入油锅中炸成棕褐色，做成"梨把儿"。

12. 将"梨把儿"按在"雪梨"顶部，即可完成制作。

◆ 技术要领

1. 土豆宜选用黏质土豆。

2. 糯米粉宜选用水磨糯米粉，这样成品口感黏糯。

3. 成形时上部稍细稍尖、底部稍大稍圆。

4. 胡萝卜不宜切得太细。

5. 馅心也可选用枣泥馅、莲蓉馅等，更加容易造型。

◆ 测评

项目	评分标准	配分	得分
和面	土豆蒸熟、蒸透，趁热碾成泥，土豆泥细腻光滑、无颗粒感，软硬适中	20	
调馅	有一定黏性，口味咸淡适中	10	

续表

项目	评分标准	配分	得分
搓条	用力要轻，条不松散、不开裂，粗细均匀	10	
制皮	按法制皮	10	
成形	馅心包正，形似雪梨，面包糠沾裹均匀	20	
成熟	油温五成热下入生坯	20	
成品	色泽金黄，不焦煳，无油浸	10	
合计		100	

总体评价：_____

_____。

 品种三　象形胡萝卜

象形胡萝卜是在象形雪梨基础上的创新品种，也属于仿植物造型面点品种。

⬡ **成品特点**　形似胡萝卜，馅心咸香味美。

⬡ **皮坯原料**　土豆 300 克，糯米粉 100 克。

⬡ **馅心原料**　猪肉馅 150 克，火腿 50 克，香菇 30 克，葱花 20 克，猪油 30 克，盐 3 克，味精 2 克，鸡精 2 克，料酒 5 克，生抽 20 克，花椒粉 1 克，胡椒粉 2 克。

⬡ **装饰原料**　鸡蛋 1 个，面包糠 300 克，香菜适量。

◆ **制作步骤**

1. 按照原料清单准备好所有原料。土豆洗净，香菇去掉菌柄洗净。

2. 土豆洗净去皮，切成厚片，放入清水中洗净。

3. 将土豆片放入蒸箱中蒸制 15 分钟。

4. 将蒸熟的土豆趁热用刀碾成土豆泥，要求细腻光滑、有黏性，再加入糯米粉拌匀成团。

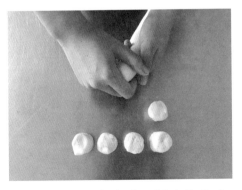

5. 将土豆泥搓成宽约 3 厘米的长条，用手揪成 20 克左右一个的剂子。

6. 火腿用刀切成薄片，再切成宽约 0.3 厘米的条，最后切成小粒，香菇切成同等大小的粒。

7. 锅内加猪油烧至四成热下入葱花炒香，再下入肉馅加少许料酒炒散，加入火腿粒、香菇粒和其余调料炒拌均匀，即成馅心。

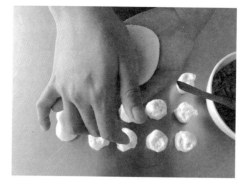

8. 将土豆泥剂子放入手中揉圆、按扁，中间包入馅心，收口捏紧，揉成圆球形状。

9. 将圆球放入手掌中间轻轻揉制光滑，搓成长约 7 厘米的条。

10. 继续修整成一端细、一端稍粗的胡萝卜形状，即成生坯。

11. 鸡蛋打入碗内搅匀，将生坯放入，使其沾满蛋液。

12. 再将生坯放入面包糠中，使之均匀地裹沾上面包糠。

13. 锅内加油烧至五成热下入生坯，炸至生坯浮起、色泽金黄捞出控油。

14. 香菜洗净，切成长3～4厘米的小段，按在"胡萝卜"顶部做"胡萝卜缨"，即可完成制作。

◆ **技术要领**

1. 土豆宜选用黏质土豆。

2. 炒制馅心时宜选用猪油，这样馅心不松散，便于包制。

3. 成形时不宜久搓，否则馅心容易松散。

4. 土豆泥中可加入适量澄粉，防止成品成熟后变形。

5. 炸制时油温不宜过低，否则会出现油浸现象。

◆ **测评**

项目	评分标准	配分	得分
和面	土豆蒸熟、蒸透，趁热碾成泥，土豆泥细腻光滑、无颗粒感	20	
调馅	有一定黏性，口味咸淡适中	20	
搓条	用力要轻，条不松散、不开裂，粗细均匀	10	
制皮	按法制皮	10	
成形	形状美观，比例适宜	20	
成熟	油质清洁，无杂质；油温五成热下入生坯	10	
成品	形似胡萝卜，色泽金黄，无油浸	10	
合计		100	

总体评价：_____

_____

品种四　杏仁山药饼

杏仁山药饼是一道以铁棍山药、水磨糯米粉、杏仁片等为材料的特色传统名点。为了便于造型和保证制品黏糯的口感，山药泥中加入了水磨糯米粉，制品外酥脆、内软糯，香甜可口。

◆ **成品特点**　色泽金黄，口感香糯，营养丰富。

◆ **皮坯原料**　糯米粉 200 克，山药 250 克，白糖 50 克，炼乳 50 克。

◆ **装饰原料**　杏仁片 100 克。

◆ **制作步骤**

1. 按照原料清单准备好所有原料，糯米粉选用水磨糯米粉。

2. 山药洗净后放入蒸箱蒸制 15 分钟，蒸熟后取出，趁热剥皮。

3. 剥好皮后，用刀背搓擦的方法将山药搓成泥。

4. 加入炼乳、白糖翻拌均匀。

5. 再加入糯米粉，用搓擦的方法揉成团，面团要求软硬适中、光滑细腻。

6. 揉成光滑的面团后，饧制 5 分钟。

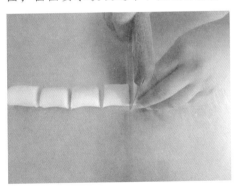

7. 将面团搓条，切成大小一致的剂子，每个剂子约 30 克。

8. 将剂子揉成光滑的圆球，用手掌压扁，注意边缘不能太薄。

9. 将生坯裹上蛋液后再粘裹杏仁片，稍按压定形，即成生坯。

10. 油烧至四成热，将生坯放入漏勺中下锅。

11. 炸至生坯浮起、色泽金黄，捞出控油。

12. 将杏仁山药饼装盘装饰，即可完成制作。

◆ 技术要领

1. 山药蒸熟后要趁热搓擦成泥。

2. 糯米粉要选用水磨糯米粉，粉质细腻，口感黏糯。

3. 蛋液、杏仁片要粘裹均匀。

4. 生坯要温油炸制，否则容易爆裂。

◆ 测评

项目	评分标准	配分	得分
备料	原料选用正确，称量准确	10	
和面	采用搓擦的方法和面	20	
下剂	剂子大小一致，约30克一个	20	
成形	生坯表面无裂口、无缝隙，按压成饼，生坯先抹蛋液后粘杏仁片，并按压紧实	20	

续表

项目	评分标准	配分	得分
成熟	油温四成热下入生坯，炸至色泽金黄捞出控油	20	
成品	大小一致，规格统一，每片成品重约 30 克	10	
	合计	100	

总体评价：_____

_____。

 品种五　小米锅巴

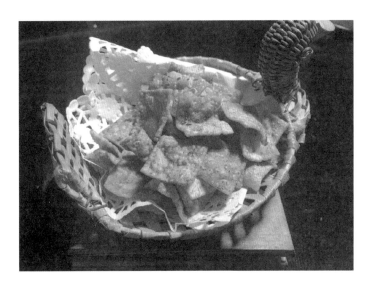

小米锅巴是一款十分家常的零食小吃，营养价值丰富，制作简单，成品香脆可口。

● **成品特点**　咸香酥脆，色泽金黄。

● **皮坯原料**　小米 50 克，面粉 160 克，盐 3 克，五香粉 3 克，花椒粉 3 克，调和油 3 克，鸡蛋 50 克，水适量。

● **制作步骤**

1. 按照原料清单准备好所有原料，面粉选用低筋面粉。

2. 将小米洗净放入碗中，加水浸泡，加的水要高于小米约1厘米。

3. 将小米放入蒸箱中大火蒸制10分钟左右。

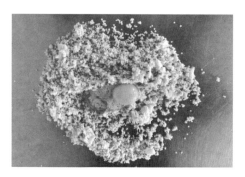

4. 将蒸好的小米取出，沥干水分，摊在案板上晾凉，待温度完全冷却后用擀面杖稍稍碾碎。

5. 将清油、鸡蛋、面粉和调料加入碾碎的小米中。

6. 将所有原料混合均匀，视面团的软硬程度，分次加水揉光、揉匀。

7. 将揉匀的面团盖上湿布，饧制 10 分钟左右。

8. 面团饧好后，用走槌将面团均匀地擀开，擀制过程中勤撒干面粉，擀成厚约 2 毫米的面片。

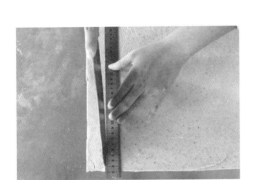

9. 用刀将面片切成宽约 3 厘米的竖条。

10. 再用刀将竖条切为 3×3 厘米的小方块，即成生坯。

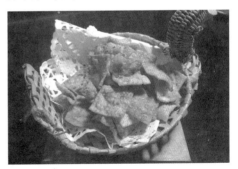

11. 锅内加油烧至四成热，放入生坯，待生坯浮起后，拨动翻面，炸至两面金黄后捞出。

12. 沥干油后，放调味料混合均匀，即可完成小米锅巴的制作。

◆ **技术要领**

1. 小米需要浸泡至软烂，或者蒸至软烂。

2. 小米擀制过程中，可以保留一定的颗粒，以使制品更具口感。

3. 视面团的软硬程度酌情加入适量的水，面团应稍硬，这样较好擀制。

4. 擀制过程中勤撒干面粉，勤翻面，防止粘连。

5. 擀好的面片薄厚要均匀，约 2 毫米，太厚则影响口感。

6. 炸制时油温四成热时下入生坯，油温不宜过高，否则容易焦煳。

◆ 测评

项目	评分标准	配分	得分
备料	蒸制时加水量符合要求，小米的软烂程度符合要求	10	
和面	投料顺序正确，能够判断面团软硬程度；揉面动作标准，面团光滑、均匀	20	
制皮	擀制时用力均匀，面团薄厚一致，符合标准	20	
成形	按要求的规格成形，生坯切面光滑、整齐	20	
成熟	合理把控油温，制品上色均匀	20	
成品	成品色泽金黄，无阴阳面或焦煳，形态符合要求	10	
合计		100	

总体评价：_____

_____。

 品种六　紫薯球

　　紫薯球是一款家常小点，细腻的紫薯泥包裹着香甜的豆沙馅，再滚上一层香脆的芝麻，口感细腻，软糯香甜。根据表面装饰材料的不同，也可以制作出糯米紫薯球、锦绣紫薯球、黄金紫薯球等。

● **成品特点**　口感细腻，软糯香甜。

● **皮坯原料**　糯米粉 160 克，紫薯 300 克，面粉 50 克，白糖 15 克，盐 1 克。

● **馅心原料**　豆沙馅 100 克。

● **装饰原料**　脱皮白芝麻 100 克。

● **制作步骤**

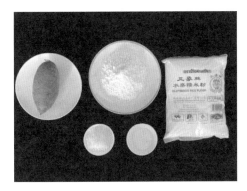

1. 按照原料清单准备好所有原料，面粉选用低筋面粉。

2. 将紫薯去皮切成薄片，均匀地摊在蒸盘上，放入蒸箱中大火蒸制 10 分钟左右。

3. 将蒸好的紫薯放在砧板上，用刀碾成紫薯泥。

4. 趁热将糯米粉、面粉、糖、盐加入紫薯泥中。

5.用刮刀将粉料与紫薯泥翻拌均匀，直至面团光滑细腻、不黏手，盖上湿布饧制10分钟左右。

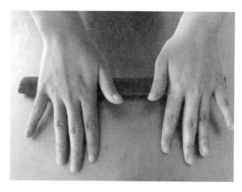

6.将饧好的面团均匀地搓成光滑的长条。

7.采用揪剂的手法，揪出约25克一个的剂子，将豆沙馅分成约10克一个的圆球。

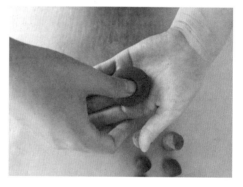

8.将剂子放在手掌中，用拇指轻轻按出圆坑。

9.拇指与食指配合，一边捏一边转。

10.将豆沙馅放到面皮内。

11. 用虎口慢慢向上收拢，直到面皮将馅心完全包裹，然后放在手掌中搓圆、搓光，即成生坯。

12. 将生坯放入凉水中，均匀过水。

13. 将过完水的生坯均匀地滚沾上芝麻，并用手再次搓圆，使芝麻紧实地粘在生坯上。

14. 油锅烧至四成热，下入生坯。

15. 炸至生坯缓慢浮起，拿筷子轻轻拨动翻面，再炸至紫薯球定形、芝麻微微上色，捞出沥油。

16. 将沥好油的紫薯球进行装饰装盘，即完成制作。

⬡ **技术要领**

1. 紫薯要蒸熟、蒸烂，按紫薯的干湿程度加入粉料。

2. 紫薯泥要趁热加入糯米粉等原料，否则面团没有黏性。

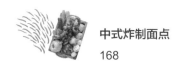

3. 馅心要保证包在圆皮的中心。

4. 成形好的生坯需要过凉水，否则芝麻粘不上。

5. 粘好芝麻的生坯需要在手中再次滚圆，否则炸制时芝麻易掉落。

◆ 测评

项目	评分标准	配分	得分
和面	投料顺序准确，调制方法得当，面团表面光滑，软硬适中	20	
搓条	搓条动作标准，条粗细均匀、光滑	20	
下剂	动作标准，剂子大小均匀，截面整齐	10	
成形	收口紧密严实，无缝隙；芝麻粘匀、粘紧	20	
成熟	油温适当，生坯成熟度一致	20	
成品	表面光滑，不开裂，形态符合要求	10	
合计		100	

总体评价：_____

_____。

 品种七　红薯丸子

红薯丸子又叫地瓜丸子，以红薯为主料，配以面粉、糯米粉、炼乳等调制成面坯，最后炸制成熟。金黄色的丸子薯香扑鼻、外脆内软，既可以作为宴席搭配面点，也可以作为家常小吃。

◆ **成品特点**　外皮焦香，内里软糯香甜。

◆ **皮坯原料**　糯米粉 100 克，红薯 300 克，面粉 40 克，炼乳 30 克。

◆ **制作步骤**

1. 按照原料清单准备好所有原料，面粉选用低筋面粉。

2. 将红薯切成薄片，均匀地摊在蒸盘上，放入蒸箱中大火蒸制 10 分钟左右。

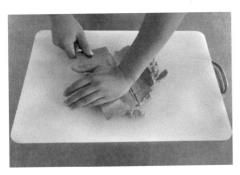

3. 将蒸好的红薯放在砧板上，用刀碾成红薯泥。

4. 趁热将糯米粉、面粉、炼乳加入红薯泥中。

5. 用刮刀将粉料与红薯泥翻拌均匀，直至面团光滑细腻、不黏手。

6. 将面团盖上湿布饧制 10 分钟左右。

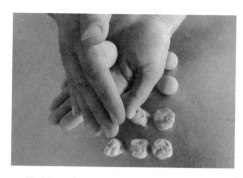

7. 将饧好的面团均匀地搓成光滑的长条，采用揪剂的手法，揪出约 30 克一个的剂子。

8. 将剂子在手掌中搓圆，搓至光滑、无裂缝。

9. 油锅烧至四成热下入生坯，炸至生坯缓慢浮起，拿筷子轻轻拨动翻面，再炸至红薯球定形、颜色金黄，捞出沥油。

10. 将沥好油的红薯球进行装饰装盘，即完成制作。

● 技术要领

1. 红薯要蒸熟、蒸烂，按红薯泥的干湿程度适当加入炼乳与粉料。

2. 红薯尽量选用筋络较少的品种。

3. 原料混合均匀，光滑、不黏手即可。

4. 要将生坯搓圆、搓光，保证表面没有裂缝与褶皱。

● 测评

项目	评分标准	配分	得分
和面	投料顺序准确，调制方法得当，面团表面光滑、软硬适中	20	
搓条	搓条动作标准，条粗细均匀、光滑	20	

续表

项目	评分标准	配分	得分
下剂	动作标准，剂子大小均匀，截面整齐	10	
成形	大小均匀一致，表面光滑圆润	20	
成熟	灵活掌控油温，生坯上色均匀	20	
成品	色泽金黄，不开裂，形态符合要求	10	
合计		100	

总体评价：_____

_____。

第二节　蔬果类炸制品种制作

　　蔬果类制品是指以水果、蔬菜等为原料，配以粉料制成的面点制品。制法通常是先将原料进行初加工，制成泥蓉、丝、粒等，再与粉料拌和制成皮坯，包馅成熟即可。

品种一　南瓜饼

　　南瓜饼选用优质老南瓜与水磨糯米粉调制皮坯，包制香甜的泥蓉馅心，表面沾裹上焦香的芝麻或酥脆的面包糠，经炸制而成，色泽金黄，口感黏糯，营养丰富，老少皆宜。

　　◍ **成品特点**　口感黏糯，香甜可口。

　　◍ **皮坯原料**　糯米粉 300 克，白糖 70 克，炼乳 30 克，吉士粉 30 克，南瓜泥 120 克，水适量。

　　◍ **馅心原料**　豆沙馅 100 克。

　　◍ **装饰原料**　脱皮白芝麻 100 克。

　　◍ **制作步骤**

1. 按照原料清单准备好所有原料，注意称量准确。

2. 南瓜洗净，去掉南瓜皮、南瓜子和南瓜瓤，切成厚片，入蒸箱蒸制 15 分钟。

3. 将蒸好的南瓜趁热搅成泥，加入白糖、炼乳搅拌均匀。

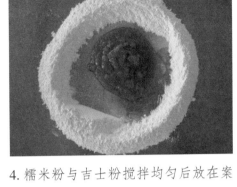

4. 糯米粉与吉士粉搅拌均匀后放在案板上开窝，中间加入南瓜泥，拌入糯米粉。

5. 和成光滑细腻的面团，盖上湿布饧制10分钟。

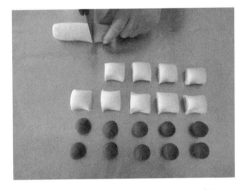

6. 豆沙馅下成约10克一个的剂子，南瓜粉团搓成长条，切成约20克一个的剂子。

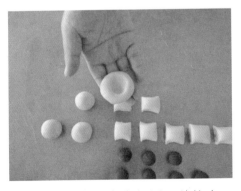

7. 将剂子放在手掌中揉圆，并按出一个小坑。

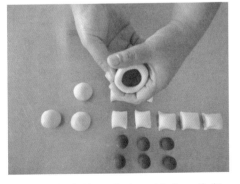

8. 将豆沙馅放入皮中，用虎口收紧，交口收严，揉成球形，即成生坯。

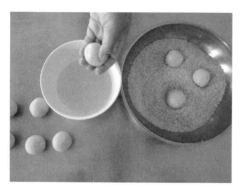

9. 将球形生坯放入水中，过水捞出，控水后放入芝麻中。

10. 粘满芝麻后，将生坯放在掌心揉圆。

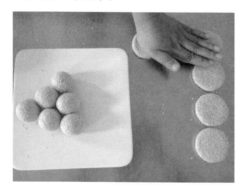

11. 用手掌的大鱼际将生坯按成饼形，厚约 1 厘米，注意只按中间、不按四周。

12. 锅内加油烧至四成热下入生坯，炸至表面金黄，捞出控油后即可装盘。

⬡ 技术要领

1. 糯米粉选用水磨糯米粉，粉质细腻、口感黏糯。

2. 南瓜蒸熟后要充分搅拌成泥。

3. 皮不宜按得过大，否则难以包制，不利于成形。

4. 生坯过水后再粘芝麻。

5. 油温不宜过高，否则外焦内生。

⬡ 测评

项目	评分标准	配分	得分
和面	粉团细腻光滑，软硬适中	20	
搓条	搓好的条粗细均匀，不断裂、不软塌	10	
下剂	剂子大小、规格一致，每个约 20 克	10	

续表

项目	评分标准	配分	得分
制皮	按皮手法熟练，皮直径约 5.5 厘米	10	
包馅	不破皮、不露馅，馅心居中	10	
揉圆	芝麻沾裹均匀，无多余芝麻，芝麻表面无水分	10	
炸制	油温四成热下锅，生坯上色均匀	20	
成品	大小均匀，色泽金黄，饼形饱满	10	
合计		100	

总体评价：＿＿＿＿＿＿＿＿＿＿＿＿＿＿＿＿＿＿＿＿＿＿＿＿＿＿＿＿＿＿＿＿

＿＿＿＿＿＿＿＿＿＿＿＿＿＿＿＿＿＿＿＿＿＿＿＿＿＿＿＿＿＿＿＿＿＿＿＿。

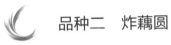

品种二　炸藕圆

炸藕圆是湖北地区的特色风味小吃，也称炸藕丸子或炸藕圆子，是荆楚人家年宴餐桌上不可或缺的美味。炸藕圆寓意着红红火火、团团圆圆，既能当菜肴入席，也可作平日小吃零食，是兼具口感与营养的面点品种。

◆ **成品特点**　外脆里嫩，口感丰富。

◆ **皮坯原料**　面粉 100 克，猪肉馅 200 克，莲藕 500 克，鸡蛋 1 个，盐 3 克，味精 2 克，香油 2 克，料酒 3 克，酱油 2 克，白糖 3 克，葱末适量，姜末适量。

● **制作步骤**

1. 按照原料清单准备好所有原料，面粉选用普通面粉。

2. 将莲藕洗净去皮，擦成末。

3. 将擦成末的莲藕水分挤出，过滤后放入碗中备用。

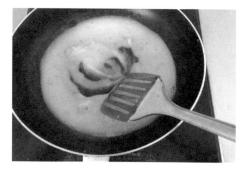

4. 将过滤好的藕汁放入平底锅中加热，一边加热一边搅拌。

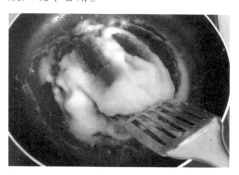

5. 将藕汁加热成浓稠的糊状，关火盛出，晾凉备用。

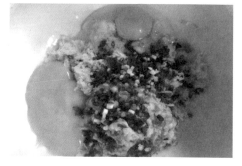

6. 将猪肉馅、鸡蛋、莲藕、藕糊、葱、姜等混合均匀，并搅打上劲儿。

7. 将面粉拌入馅料中，混合均匀。

8. 手中沾少量的油，左右手来回交替，将调制好的面糊团成乒乓球大小，即成生坯。

9. 将油锅烧至四成热，依次下入团好的生坯。

10. 炸至生坯浮起，用筷子轻轻拨动翻面，再炸至金黄。

11. 将炸好的藕丸取出沥油。

12. 将成品进行摆盘装饰，即完成炸藕圆的制作。

◆ 技术要领

1. 猪肉馅尽量选用"三肥七瘦"。

2. 挤出的藕汁需要过筛，加热的时候需要不停翻拌，防止粘锅。

3. 加热好的藕糊要晾凉后才能加入肉馅中。

4. 面粉视肉馅的软硬程度掺入，以不黏手、能成团为佳。

5. 生坯下入锅中先不搅动，防止散开。

◆ 测评

项目	评分标准	配分	得分
备料	按要求处理好原料，制作出藕糊	20	
和面	投料顺序正确，掺粉量适中，面糊软硬程度符合要求	20	
成形	按要求的规格成形，大小一致，光滑细腻	20	
成熟	把握油温，按要求下入与翻面	20	
成品	成品色泽金黄，无阴阳面或焦煳，形态符合要求，咸淡适中，外脆里嫩	20	
合计		100	

总体评价：_____

_____。

第三节　其他类炸制品种制作

其他类制品多是各地特色小吃，制法、口味各具特色，独树一帜，能给食客带来难忘的味觉体验。

品种一　炸鲜奶

　　炸鲜奶是广东地区的经典甜点，酥脆的外皮包裹着浓郁的鲜奶，令人唇齿留香、回味无穷。炸鲜奶并不是真的将牛奶下锅炸，而是以鲜奶为原料，经过一番熬煮变成牛奶糊，冷冻后裹上面包糠，再炸制而成。

◆ **成品特点**　外皮金黄酥脆，内里细嫩软滑。

◆ **皮坯原料**　牛奶 250 克，玉米淀粉 25 克，白糖 30 克。

◆ **装饰原料**　玉米淀粉 100 克，鸡蛋 1 个，面包糠 200 克。

◆ **制作步骤**

1. 按照原料清单准备好所有原料，注意称量准确。

2. 将牛奶放入盆中，加入白糖、玉米淀粉，用蛋抽搅拌均匀至没有淀粉颗粒。

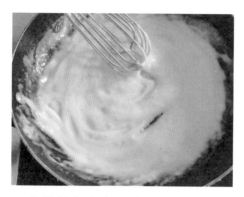

3. 将搅拌好的牛奶放入不粘锅中小火加热，不停搅拌，防止粘锅，熬制成黏稠的糊状即可。

4. 取一个不锈钢模具清洗干净后擦干，在模具底部均匀地刷一层油脂或垫一层保鲜膜。

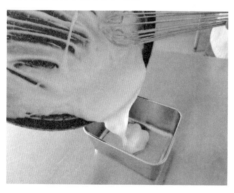

5. 将牛奶糊倒入模具中，调整表面使之平滑，厚度约为2厘米，然后放入冰箱冷冻半个小时。

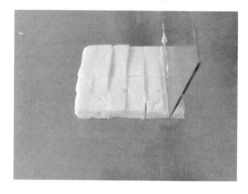

6. 将冻好的鲜奶取出倒扣在案板上，切成长约5厘米、宽约2.5厘米的长条。

7. 将长条放入玉米淀粉中，使之均匀地沾上一层淀粉。

8. 将沾好淀粉的鲜奶放入蛋液中，再放入面包糠中，即成生坯。

9. 锅内加油烧至五成热，下入生坯，炸至表面金黄出锅。

10. 控净余油后装盘，即可完成制作。成品表面金黄酥脆，内里鲜嫩软滑。

● **技术要领**

1. 玉米淀粉可以换成其他黏性更好的淀粉。

2. 淀粉的用量可根据实际情况灵活调整，淀粉少则口感软嫩。

3. 熬制牛奶糊时需小火慢慢熬制，防止焦煳。

4. 淀粉、蛋液、面包糠要沾裹均匀。

5. 炸制时油温不宜过高。

● **测评**

项目	评分标准	配分	得分
备料	原料选用正确，称量准确	10	
熬糊	小火熬制，不沾锅底，不焦煳	20	
入模	模具刷油或垫保鲜膜	10	
冷冻	冷冻至牛奶坚挺、硬实	10	
成形	切成长约5厘米、宽约2.5厘米的长条	10	
裹料	淀粉、蛋液、面包糠沾裹均匀，顺序正确	20	
炸制	油温五成热下锅，生坯色泽金黄，不焦煳	10	
成品	表面金黄酥脆，内里鲜嫩软滑	10	
合计		100	

总体评价：_____

_____

品种二 蜜三刀

蜜三刀又称为蜜食，是传统中式糕点，它用料简单，却工序繁复，调制皮面、调制酥面、揉皮、擀制、成形、炸制、灌浆等每一个步骤和过程都很有讲究。因每块成品上都有三道刀痕，故取名蜜三刀。方方正正是蜜三刀的经典外形，表面带有一层诱人的光亮糖浆，点缀上白芝麻，软绵香糯，浆亮不黏，蜜口甜心。

● **成品特点** 油亮剔透，蜜汁爆浆，香甜绵软。

● **皮坯原料** 面粉 300 克，调和油 30 克，水 130 克。

● **里面原料** 面粉 700 克，香油 80 克，麦芽糖 350 克，小苏打 5 克，水适量。

● **糖浆原料** 白糖 375 克，麦芽糖 450 克，蜂蜜 125 克，水 125 克。

● **装饰原料** 脱皮白芝麻 100 克。

● **制作步骤**

1. 按照原料清单准备好皮坯原料和里面原料。

2. 按照原料清单准备好糖浆原料，白糖选用白砂糖。

3.调制皮面：面粉过筛后放在案板上
开窝，中间加入水和油。

4.搅拌均匀、充分乳化后拌入面粉，
和成光滑的面团，盖上湿布饧制15
分钟。

5.调制里面：面粉过筛放在案板上开
窝，加入香油、小苏打。小苏打先用
少许水化开。

6.加入麦芽糖，将三者搅拌均匀，再拌
入面粉中。如果因温度较低导致麦芽糖
较硬，可将其提前隔水加热至软化。

7.抄拌均匀后采用翻叠法和面，避免
用力揉搓，以免产生面筋。

8.和成光滑细腻的面团，盖上湿布饧
制15分钟。

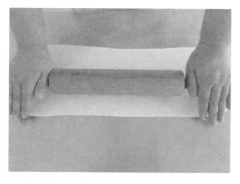

9. 将饧好的皮面和里面擀成同样大小的长方形面片，皮面表面抹水，将两块面重叠在一起。

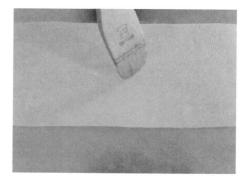

10. 在表面刷适量的水，再均匀地撒上一层脱皮白芝麻。

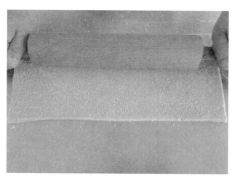

11. 再次将面片擀大，最终擀成厚约0.7厘米的长方形。

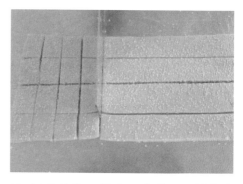

12. 切成长约4厘米、宽约2.5厘米的长方形小块。

13. 用刀在每个小块上竖划两刀，成为三瓣，注意不要切断，深度为面坯的1/3即可。

14. 锅内加油烧至160℃下入生坯，炸至皮面微黄、里面棕红时捞出。

15. 锅洗刷干净后加入水和白糖煮开，再加入蜂蜜、麦芽糖小火慢慢熬煮，待煮到糖能拉粗丝时即可。

16. 将炸好的制品放入糖浆中灌浆，待制品灌满糖浆即可捞出，晾凉后装盘即可。

● 技术要领

1. 蜜指的是麦芽糖，宜选用淡黄或棕黄色的麦芽糖。

2. 揉制时注意手法，揉制时间长，面坯容易生筋，成形时易断裂，成熟时制品不松发。

3. 皮坯擀至厚约7毫米为佳，否则成品不空酥，无法灌浆。

4. 撒芝麻前要刷水，防止炸制时芝麻脱落。

5. 熬制糖浆时要注意火候，以能拉出粗丝为最佳。

6. 灌浆时糖浆要保持在较高的温度，否则挂浆太厚，无法灌进蜜三刀内部，食用时黏手、黏牙。

● 测评

项目	评分标准	配分	得分
调制皮面	水、油充分乳化	10	
调制里面	揉制手法正确，不生筋，不酥松	10	
粘芝麻	先刷水，再粘芝麻	10	
擀制	擀成长方形，厚度约为7毫米，四角为直角	10	
成形	长约4厘米、宽约2.5厘米，大小一致	10	
炸制	油温160℃，炸至皮面浅黄色、里面棕红色	10	
熬浆	小火慢熬，熬至能拉粗丝	20	

续表

项目	评分标准	配分	得分
灌浆	将制品灌满糖浆	10	
成品	油亮剔透，浆亮不黏，软绵香糯	10	
合计		100	

总体评价：_____

_____。

品种三　炸响铃

炸响铃是杭州地区传统名菜，选用杭州地区著名特产泗乡豆腐皮制作而成，因色泽黄亮、鲜香味美、脆如响铃而受到食客的欢迎。

◆ **成品特点**　色泽金黄，外酥里嫩。

◆ **皮坯原料**　豆腐皮 300 克。

◆ **馅心原料**　猪肉馅 250 克，葱末 5 克，姜末 5 克，盐 3 克，料酒 15 毫升，蚝油 10 毫升，生抽 10 毫升，鸡精 5 克，十三香 2 克，味精 2 克，鸡蛋 1 个，淀粉 30 克。

● **制作步骤**

1. 按照原料清单准备好所有原料及配料，豆腐皮需要温水浸泡 2 小时，肉馅需要剁碎一些。

2. 调制馅心：肉馅加少量水和盐搅打上劲儿后，加入料酒、蚝油、生抽搅打均匀，再加入鸡精、十三香、味精搅拌，最后加入葱末、姜末拌匀即可。

3. 调制鸡蛋糊：淀粉加少许水搅匀，再加入鸡蛋搅拌后过筛备用。

4. 鸡蛋糊调好后每次用时需要再次搅拌一下，不然淀粉会沉底，影响豆腐皮的粘连。

5. 豆腐皮改刀切成块铺平，把拌好的肉馅沿着油豆皮一侧摆成一长条，馅心要铺均匀。

6. 用豆腐皮包住馅心卷起，要卷结实，不能松散。

7. 在豆腐皮底部涂抹一层调好的鸡蛋糊，卷成条。

8. 将卷好的条斜刀切成1厘米左右的菱形块，即成生坯，注意切制速度要快。

9. 油温烧至四成热，将生坯码放在漏勺中下锅炸，炸至生坯浮起、色泽金黄时捞出控油。

10. 将成品装盘装饰，点缀薄荷叶，即可完成炸响铃的制作。

⬢ 技术要领

1. 豆腐皮需要提前温水浸泡2小时。

2. 拌肉馅时加水不能太多，否则影响炸制。

3. 鸡蛋糊要调制得黏稠一些，这样炸制时不宜散开。

4. 生坯要小火慢炸，不要直接接触锅体底部，待定形后再拿出漏勺。

⬢ 测评

项目	评分标准	配分	得分
备料	原料称量准确，豆腐皮需要提前温水浸泡后再使用	10	
制馅	肉馅加少量水搅打均匀后再加入其他辅料	20	

项目	评分标准	配分	得分
调糊	淀粉先加少量水搅拌均匀，再加入鸡蛋搅拌，最后过筛	20	
成形	豆腐皮要卷紧，蛋液涂抹均匀，避免切的时候松散	20	
成熟	油温烧至四成热，生坯放入漏勺中下锅，炸至生坯浮起、色泽金黄捞出控油	20	
成品	颜色均匀一致，没有开裂现象	10	
合计		100	

总体评价：_____

_____。

 品种四　芋泥卷

芋泥卷色泽金黄、外酥里嫩，酥脆的外皮包裹着细腻的香芋馅，营养丰富，芳香浓郁。

🔶 **成品特点**　色泽金黄，外酥里嫩。

🔶 **皮坯原料**　吐司面包 1 包。

🔶 **馅心原料**　芋头 400 克，白糖 50 克，炼乳 15 克，白芝麻 100 克，鸡蛋 1 个。

● **制作步骤**

1. 按照原料清单准备好所有原料及配料。

2. 将吐司片摆放在蒸盘中，放入蒸箱蒸制 3 分钟。

3. 吐司片蒸好后趁热用擀面杖擀成薄片，要从中间往两边擀。

4. 均匀地切去吐司片的四个边，备用。

5. 将芋头洗净、去皮后放入蒸盘中，放入蒸箱蒸制 20 分钟。

6. 将蒸好的芋头切成片，趁热倒在案板上，用刀背搓擦的方法搓成芋泥。

7. 芋泥中加入白糖和炼乳，搅拌均匀备用。

8. 将芋头馅均匀地抹在面包片上，注意底部馅要少一些。

9. 从馅多的一头卷起面包片，要卷实，将接口朝下，即成生坯。

10. 将生坯两头粘上蛋液、裹上白芝麻。

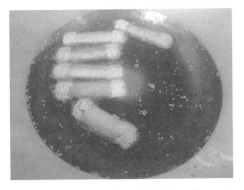

11. 油温四成热时下锅炸制，炸至色泽金黄捞出控油。

12. 将芋泥卷装盘装饰，即可完成制作。

⬡ **技术要领**

1. 面包片要趁热擀薄，不然炸制时制品易吸油。

2. 芋头要完全搓匀后再加入白糖和炼乳。

3. 包制时应少放芋泥，否则馅心容易冒出。

4. 炸制时间不宜过长，上色即可。

◆ **测评**

项目	评分标准	配分	得分
备料	原料称量准确	10	
制皮	面包片先蒸、后擀、再切	20	
制馅	芋头洗净去皮，蒸熟后再加白糖、炼乳搅拌均匀	20	
成形	馅心均匀地抹在面包片上，底部馅要少一些，生坯两头粘蛋液、裹芝麻，稍微按压	20	
成熟	油温四成热下锅，炸至两面金黄捞出控油	20	
成品	色泽均匀，芝麻粘裹牢固	10	
合计		100	

总体评价：＿＿＿＿＿＿＿＿＿＿＿＿＿＿＿＿＿＿＿＿＿＿＿＿＿＿＿＿＿＿＿＿＿

＿＿＿＿＿＿＿＿＿＿＿＿＿＿＿＿＿＿＿＿＿＿＿＿＿＿＿＿＿＿＿＿＿＿。